"十三五"职业院校工业机器人专业新形态规划教材

# 工业机器人技术基础

## （微课视频版）

主编　侯守军　金陵芳

机械工业出版社

本书系统地介绍了与工业机器人技术相关的基础知识，全书共分为七章，主要内容包括：概述、机器人运动学与动力学、机器人机械设计基础、工业机器人驱动控制系统、机器人路径规划、工业机器人传感器系统、机器人语言与编程。在内容安排上做到循序渐进、由浅入深，既让读者全面掌握工业机器人的基础知识，又让读者对现代机器人的发展有一定的了解。

本书可作为职业院校工业机器人、机电一体化、机械制造及其自动化、机械电子工程等专业的教材，也可作为工程技术人员的培训用书及广大机器人爱好者的自学用书，同时对从事工业机器人技术研究工作的科技人员也有一定的参考价值。

## 图书在版编目（CIP）数据

工业机器人技术基础：微课视频版/侯守军，金陵芳主编. —北京：机械工业出版社，2017.8（2019.8重印）

"十三五"职业院校工业机器人专业新形态规划教材

ISBN 978-7-111-58267-0

Ⅰ.①工⋯　Ⅱ.①侯⋯ ②金⋯　Ⅲ.①工业机器人-高等职业教育-教材　Ⅳ.①TP242.2

中国版本图书馆 CIP 数据核字（2017）第 252277 号

机械工业出版社（北京市百万庄大街 22 号　邮政编码 100037）
策划编辑：陈玉芝　责任编辑：陈玉芝　王振国　责任校对：张　薇
封面设计：张　静　责任印制：郜　敏
北京中兴印刷有限公司印刷
2019 年 8 月第 1 版第 2 次印刷
187mm×260mm · 8 印张 · 217 千字
3001—6000 册
标准书号：ISBN 978-7-111-58267-0
定价：29.80 元

# 前　言

本书是根据机械工业职业技能鉴定职教分中心"机械行业职教系统工业机器人和汽车后市场新形态职业技能学材选题会议"的指导思想编写的,力图使职业院校工业机器人、机电一体化和机械制造及其自动化等专业的学生在学完本课程后,能获得生产一线操作人员所必需的工业机器人技术应用的基本知识和基本技能。

工业机器人技术应用岗位目前已经成为众多行业特别是汽车制造、电子制造、半导体工业、精密仪器仪表、制药等行业的关键和核心岗位。国务院发布的"中国制造2025"规划明确提出,在通过"三步走"实现制造强国战略目标的第一个十年里,要着力突破工业机器人等重点领域的核心关键技术,推进产业化。因此,工业机器人技术应用人才的培养是我国职业院校的重要任务之一。

本书由荆门职业学院侯守军、金凌芳任主编,侯守军负责统稿,埃斯顿(湖北)机器人工程有限公司张道平主审。参加编写的人员还有:徐斌、王红秀、冯磊、陈晖、金凌芳、顾灿飞、田伟、陈民峰、陈腾、闫朝辉、杨光辉、梁瑞和陈龙明。

在本书编写过程中,得到了国内外各大主流机器人厂家的积极支持,同时也参阅了众多专家学者、机器人研制及使用单位和一些院校的教材、资料和文献,在这里一并表示衷心的感谢。

由于编者水平有限,书中难免存在不足之处,恳请广大读者批评指正。

编　者

# 目 录

# 第 一 章

# 概　　述

说到机器人，大家是不是想起了美丽的佳佳（见图 1-1）和萌萌的小曼（见图 1-2）呢？

图 1-1　佳佳机器人

图 1-2　小曼机器人

当然还有更炫更酷的，比如我国深圳优必选公司研制的阿尔法机器人（见图 1-3），以及日本电气股份有限公司（NEC）研制的 PaPeRo 机器人（见图 1-4），还有法国 Aldebaran Robotics 公司研制的 NAO 机器人（见图 1-5）。

图 1-3　阿尔法机器人

图 1-4　PaPeRo 机器人

图 1-5　NAO 机器人

以上这些机器人是不是让我们眼界大开呢？但本书介绍的重点是工业机器人。

国际机器人联合会（IFR）统计表明：中国自 2013 年起连续三年成为全球最大的工业机器人消费市场。全球四大工业机器人巨头 FANUC（发那科）、YAskawA（安川）、KUKA（库卡）和 ABB 占 50% 左右的市场份额。

2016 年 10 月 20 日，由工业和信息化部、中国科学技术协会和北京市人民政府主办的"2016 世界机器人大会"在北京召开，包括工业机器人在内的各式机器人轮番亮相，真可谓异彩纷呈。

# 第一节　工业机器人的定义及基本结构

## 一、工业机器人的定义及特点

### 1. 工业机器人的定义

工业机器人是面向工业领域的多关节机械手或多自由度的机器装置，它能自动执行工作，是靠自身动力和控制能力来实现各种功能的一种机器。它可以接受人类指挥，也可以按照预先设定的程序运行。

美国机器人协会提出的工业机器人定义为："工业机器人是用来进行搬运材料、零件、工具等可再编程的多功能机械手，或通过不同程序的调用来完成各种工作任务的特种装置。"

国际标准化组织（ISO）曾于 1987 年对工业机器人给出了定义："工业机器人是一种具有自动控制的操作和移动功能，能够完成各种作业的可编程操作机。"

ISO 8373 对工业机器人给出了更为具体的解释："机器人具备自动控制及可再编程、多用途功能；机器人末端操作器具有三个或三个以上的可编程轴；在工业自动化应用中，机器人的底座可固定也可移动。"

### 2. 工业机器人的特点

工业机器人最显著的特点有以下几个。

（1）可编程　生产自动化的进一步发展是柔性自动化。工业机器人可随其工作环境变化的需要而再编程，因此它在小批量多品种具有均衡高效率的柔性制造过程中能发挥很好的作用，是柔性制造系统中的一个重要组成部分。

（2）拟人化　工业机器人在机械结构上有类似人的行走、腰转、大臂、小臂、手腕和手爪等部分，在控制上有电脑。此外，智能化工业机器人还有许多类似人类的"生物传感器"，如皮肤型接触传感器、力传感器、负载传感器、视觉传感器、声觉传感器和语言功能等。传感器提高了工业机器人对周围环境的自适应能力。

（3）通用性　除了专门设计的专用的工业机器人外，一般工业机器人在执行不同的作业任务时具有较好的通用性。比如，更换工业机器人手部末端操作器（手爪、工具等）便可执行不同的作业任务。

（4）涉及学科广　智能机器人不仅具有获取外部环境信息的各种传感器，而且还具有记忆能力、语言理解能力、图像识别能力、推理判断能力等功能，这些都是微电子技术的应用，特别是与计算机技术的应用密切相关。因此，机器人技术的发展必将带动其他技术的发展，机器人技术的发展和应用水平也可以衡量一个国家科学技术和工业技术的发展水平。

当今工业机器人技术正逐渐向具有行走能力、多种感知能力、较强的对作业环境的自适应能力的方向发展。当前，美国在工业机器人技术的综合研究水平上仍处于领先地位，而日本生产的工业机器人在数量、种类方面居世界首位。

## 二、工业机器人产业分析

工业机器人按照产业链上、中、下游可分为核心零部件、工业机器人本体、应用端集成三个环节。

### 1. 核心零部件

机器人是如何实现复杂功能并根据指令完成复杂动作的呢？这就需要我们了解工业机器

人的核心零部件及其功能。

工业机器人的核心零部件包括减速器、伺服驱动装置和控制器。机器人的控制过程是由控制器给驱动装置发出指令，驱动伺服电动机旋转，通过减速器执行动作。

其中，技术门槛最高的是减速器，其次是伺服电动机和驱动装置，再次是控制器。作为三大核心零部件的减速器、伺服驱动装置和控制器成本分别占机器人成本的 30%~50%，20%~30%，10%~20%。

（1）减速器　减速器是工业机器人中成本占比最高，毛利率最大，同时难度也是最高的核心零部件。减速器在机械传动领域是连接动力源和执行机构的中间装置，通常通过输入轴上的小齿轮啮合输出轴上的大齿轮来达到减速的目的，并传递更大的转矩。它的工作原理可以等同于汽车在上坡时需要减速的情况。其中表 1-1 所示的 RV 减速器和谐波减速器是精密减速器中重要的两种减速器。

**表 1-1　RV 减速器和谐波减速器**

| 分类 | 图示 | 应用 | 特点 | 市场占有率 |
|---|---|---|---|---|
| 谐波减速器 | 波发生器　柔轮　刚轮 | 放置在小臂、腕部或手部 | 体积小、重量轻、承载能力大、运动精度高、单级传动比大 | Harmonic Drive 公司目前全球市场占有率高达 80% |
| RV 减速器 | | 放置在机座、大臂、肩部等重负载的位置 | 具有更高的刚度和回转精度。其传动比大、传动效率高、运动精度高、回差小、低振动、刚性大和高可靠性等 | 日本的纳博特斯克（帝人）占有全球 60% 的市场份额，日本住友占据全球约 30% 的市场份额 |

（2）伺服驱动装置　"伺服"源于希腊语"奴隶"的意思。"伺服机构"就是一个得心应手的驯服工具，服从控制信号的要求而动作。在信号来到之前，转子静止不动；信号来到之后，转子立即转动；信号消失，转子即时停转。

机器人对关节驱动电动机的要求非常严格，交流伺服驱动器因其具有转矩转动惯量较高、无电刷及换向火花等优点，在工业机器人中得到广泛应用。机器人伺服的特殊要求如图 1-6 所示。

机器人伺服的核心零部件是马达、驱动器、编码器。目前国内在马达和驱动器制造方面均有所突破，而编码器的生产制造水平与国外相比还有较大差距。

目前国内高端市场主要被国外企业占据，未来国产替代产品的发展空间巨大。其中，我国交流伺服市场近 80% 的份额被日本和欧美等国的产品所占据。

（3）控制器　工业机器人控制系统的主要任务是控制机器人在工作空间中的运动位置、姿态和轨迹，以及操作顺序和动作时间等。它具有编程简单、软件菜单操作、友好的人机交互界面、在线操作提示和便捷使用等特点。

控制器是机器人的大脑，从成本构成来看，控制系统占了机器人成本10%的比例，而控制器则是整个控制系统的核心。目前全球四大机器人厂家均对控制器进行自产，可见控制器的重要性。

经过多年的技术沉淀，国内机器人控制器所采用的硬件平台和国外产品相比并没有太大的差距，主要差距体现在控制算法和二次开发平台的易用性方面。

图1-7所示为2015年中国工业机器人控制器市场份额（%）。

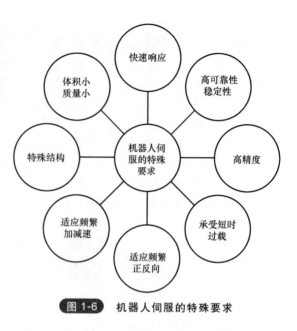

图 1-6　机器人伺服的特殊要求

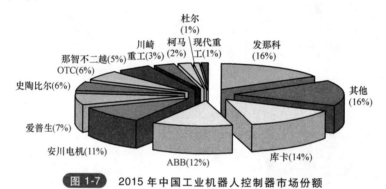

图 1-7　2015年中国工业机器人控制器市场份额

## 2. 工业机器人本体

机器人本体结构是机体结构和机械传动系统，也是机器人的支承基础和执行机构。而机器人本体基本结构由传动部件、机身及行走机构、臂部、腕部和手部五部分组成。

工业机器人按照机械机构划分，可分为直角坐标型机器人、SCARA机器人、并联机器人、关节机器人和柔性机器人等，见表1-2。

表 1-2　工业机器人按结构分类

| 机器人分类 | 图示 | 特点 |
| --- | --- | --- |
| 直角坐标型机器人 |  | 直角坐标型机器人是指在工业应用中，能够实现自动控制的、可重复编程的、运动自由度仅包含三维空间正交平移的自动化设备。它能够搬运物体、操作工具，以完成各种作业。三个轴的运动线性且相互独立，结构简单，控制方便，定位精度高；但运动速度低，占地面积大，且密封性不好 |

| 机器人分类 | 图示 | 特点 |
|---|---|---|
| SCARA 机器人 | 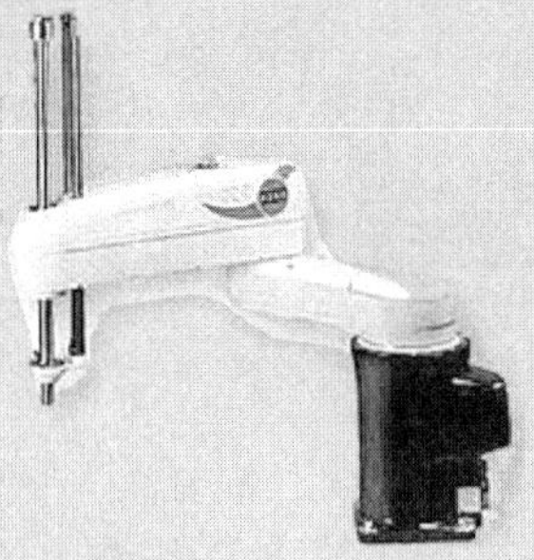 | SCARA 机器人有 3 个旋转关节,其轴线相互平行,在平面内进行定位和定向;还有一个移动关节,用于完成末端件在垂直于平面方向的运动。它的工作范围较大,占地面积较小,但控制系统相对复杂 |
| 并联机器人 |  | 质量轻、速度快,精度误差不会累积。它多用于拾取、搬运等操作 |
| 关节机器人 |  | 有很高的自由度,5~6轴,几乎适合于任何轨迹或角度的工作;代替很多不适合人力完成、有害身体健康的复杂工作,比如,汽车外壳点焊。它的缺点是价格高,导致初期投资的成本高,生产前需要做大量准备工作,比如,编程和计算机模拟等 |
| 柔性机器人 | 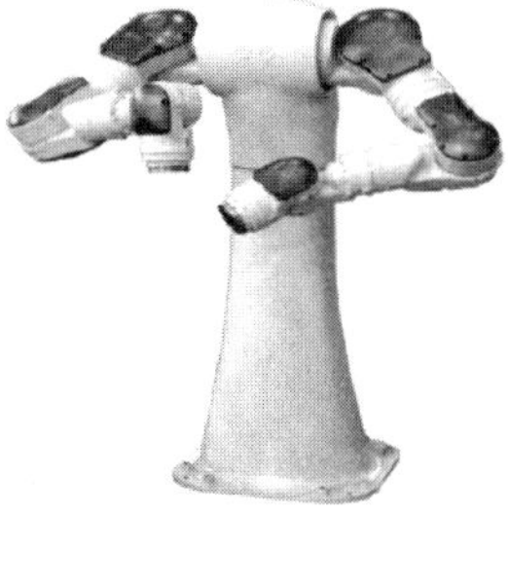 | 也称为人机交互机器人,是从机器人设计角度,使机器人避免隔离,能与人交互完成某项工作 |

图 1-8 所示为 2016 年全球工业机器人销量（按类型）,从销售数据看,直角坐标机器人占据最大市场。

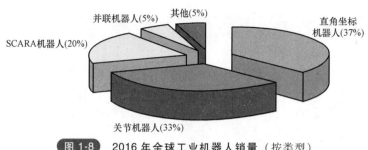

**图 1-8** 2016 年全球工业机器人销量（按类型）

### 3. 应用端集成

机器人本体（单元）是机器人产业发展的基础，而下游系统应用端集成则是机器人商业化、大规模普及的关键。只有机器人裸机是不能完成任何工作的，需要通过系统集成之后才能为终端客户所使用。系统集成方案解决商处于机器人产业链的下游应用端，为终端客户提供应用解决方案，其负责工业机器人软件系统开发和集成，是工业机器人自动作业的重要构成。

在我国，系统集成商多数情况是从国外购置机器人整机，然后根据不同行业或客户的相关需求，制定符合生产需求的解决方案。

国际机器人系统集成企业主要有 KUKA、ABB、发那科、柯马、锐驰机器人和徕斯等。国内涉足下游集成应用领域的上市公司包括新松机器人、博实股份、锐奇股份、广州数控和埃斯顿等，其中新松机器人是国内最大的系统集成商，主要从事工业机器人及自动化成套装备系统的研发与制造。

图 1-9 所示为全球工业机器人集成应用百分比，占比前三的应用为搬运 50%、焊接 28% 和组装 9%。

工业机器人下游最终用户可以按照行业分为汽车工业和一般工业。一般工业中又可以分为食品饮料、石化、金属加工、医药、3C、塑料和白家电等。

按照世界机器人联合会（IFR）的统计结果，汽车及零部件在机器人的销售中占比最高，其次是电子、金属、塑料石化等。

### 三、工业机器人的基本结构

工业机器人一般由主构架（手臂）、手腕、驱动系统、测量系统、控制器及传感器等组成。图 1-10 所示为工业机器人的典型结构。

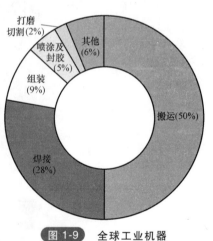

**图 1-9** 全球工业机器人集成应用百分比

1）机器人手臂具有 3 个自由度（运动坐标轴），机器人作业空间由手臂运动范围决定。

2）手腕是机器人工具（如焊枪、喷嘴、机加工刀具、夹爪）与主构架的连接机构，它具有 3 个自由度。

3）驱动系统为机器人各运动部件提供力、力矩、速度和加速度。

4）测量系统用于机器人运动部件的位移、速度和加速度的测量。

5）控制器用于控制机器人各运动部件的位置、速度和加速度，使机器人手爪或机器人工具的中心点以给定的速度沿着给定轨迹到达目标点。

6）机器人通过传感器获得搬运对象和本身的状态信息，如工件及其位置的识别、障碍物的识别、抓举工件的重量是否过载等。

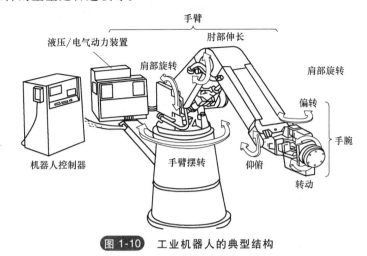

图 1-10　工业机器人的典型结构

工业机器人的运动由主构架和手腕完成，主构架具有 3 个自由度，其运动由两种基本运动组成，即沿着坐标轴的直线移动和绕坐标轴的回转运动。不同运动的组合，形成各种类型的机器人（见图 1-11）：直角坐标型（图 1-11a 是三个直角坐标轴）、圆柱坐标型（图 1-11b 是两个直角坐标轴和一个回转轴）、球坐标型（图 1-11c 是一个直角坐标轴和两个回转轴）、关节型（图 1-11d 是三个回转轴关节，图 1-11e 是三个平面运动关节）。

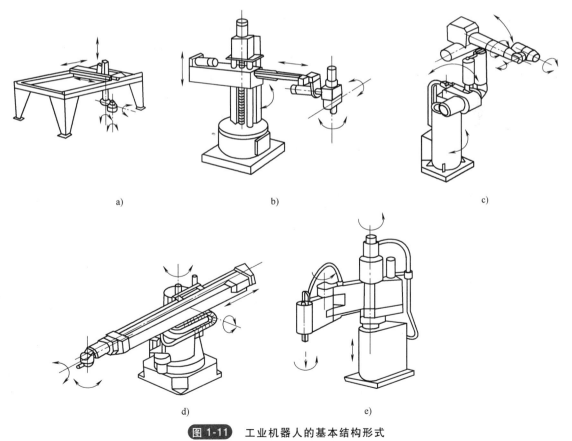

图 1-11　工业机器人的基本结构形式

a）直角坐标型　b）圆柱坐标型　c）球坐标型　d）多关节型　e）平面关节型

# 第二节　工业机器人的分类及技术参数

## 一、工业机器人的分类

关于工业机器人的分类，国际上没有制定统一的标准，可按机器人的几何结构、智能程度、应用领域等来划分。

### 1. 按机器人的几何结构分类

机器人的结构形式多种多样，最常见的结构形式是用其坐标特性来描述的。这些坐标结构包括笛卡尔坐标结构、柱面坐标结构、极坐标结构、球面坐标结构和关节式结构等。前面已对直角坐标型、圆柱坐标型、球坐标型、关节型等机器人作了简要介绍，这里不再赘述。

### 2. 按机器人的智能程度分类

1）示教再现机器人是第一代工业机器人。它能够按照人类预先示教的轨迹、行为、顺序和速度重复作业，示教可由操作员手把手进行或通过示教器完成。

2）感知机器人是第二代工业机器人。它具有环境感知装置，能够在一定程度上适应环境的变化，目前已经进入应用阶段。

3）智能机器人是第三代工业机器人。它具有发现问题，并且能够自主解决问题的能力。到目前为止，在世界范围内还没有一个统一的智能机器人定义。大多数专家认为智能机器人至少要具备以下三个要素：一是感觉要素，用来认识周围环境状态；二是运动要素，对外界做出反应性动作；三是思考要素，根据感觉要素所得到的信息，思考出采用什么样的动作。

### 3. 按机器人应用领域分类

按作业任务将工业机器人分为焊接、搬运、装配、喷涂和处理机器人等，如图 1-12 所示。

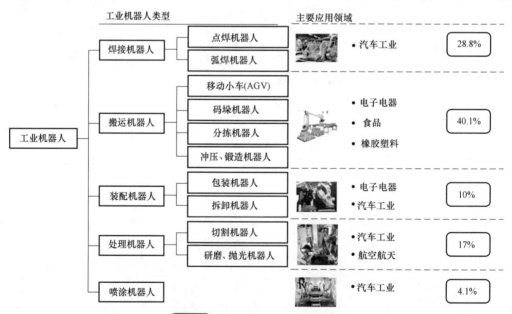

图 1-12　按机器人应用领域分类

我国的机器人专家从应用环境出发，将机器人分为两大类，即工业机器人和特种机器人。所谓工业机器人就是面向工业领域的多关节机械手或多自由度机器人。而特种机器人则是除工业机器人之外的、用于非制造业并服务于人类的各种先进机器人，主要包括服务机器人、水下机器人、娱乐机器人、军用机器人、农业机器人和机器人化机器等。在特种机器人中，有些分支发展很快，有独立成体系的趋势，如服务机器人、水下机器人、军用机器人和微操作机器人等。目前，国际上的机器人学者，从应用环境出发将机器人也分为两类：制造环境下的工业机器人和非制造环境下的服务与仿人型机器人，这和我国的分类是一致的。

空中机器人又叫作无人机器（简称无人机），在军用机器人家族中，无人机是科研活动最活跃、技术进步最大、研究及采购经费投入最多、实战经验最丰富的领域。

无人机可以搭载电子战综合系统，执行通信侦察干扰、雷达侦察干扰等任务，对敌方进行区域干扰压制。此外还可用于民用领域，在航空测量和海洋海事巡逻方面大展身手。

人形服务型机器人是为人类服务的特种机器人，能够代替人完成家庭服务工作，是未来家庭的"万能"管家。

## 二、工业机器人的技术参数

工业机器人的技术参数是指各工业机器人制造商在产品供货时所提供的技术数据，主要包括自由度、精度、工作范围、最大工作速度和承载能力等，见表1-3。

**表1-3　工业机器人主要技术参数**

| 参数名称 | 参数含义 |
| --- | --- |
| 自由度 | 指机器人所具有的独立坐标轴运动的数目,不应包括手爪(或末端执行器)的开合自由度 |
| 精度 | 指定位精度和重复定位精度。其中定位精度是指机器人手部实际到达位置与目标位置之间的差异,重复定位精度是指机器人重复定位手部于同一目标位置的能力 |
| 工作范围 | 指机器人手臂末端或手腕中心所能到达的所有点的集合,也叫作工作区域 |
| 最大工作速度 | 有的厂家指工业机器人自由度上最大的稳定速度,有的厂家指手臂大合成速度 |
| 承载能力 | 指机器人在工作范围内的任何位置上所能承受的最大质量 |

# 第三节　机器人产业发展现状及趋势

机器人是集机械、电子、控制、传感、人工智能等多学科先进技术于一体的自动化装备。自1956年机器人产业诞生后，经过近60年发展，机器人已经被广泛应用在装备制造、新材料、生物医药和智慧新能源等高新产业。机器人与人工智能技术、先进制造技术和移动互联网技术的融合与发展，推动了人类社会生活方式的巨大变革。

## 一、机器人产业发展现状

IFR认为，2016—2017年，美洲和欧洲的机器人销量预计年均增长6%，亚洲和澳洲预计年均增长16%。至2017年年底，全球范围内工业机器人保有量预计将达200万台。图1-13所示为2005—2017年中国工业机器人销量及预测。

国际机器人联盟主席ArturoBaroncelli在世界机器人大会上称，到2018年，全球范围内工业机器人保有量将突破230万台，其中140万台在亚洲，占比超过1/2。

根据IFR的统计，亚洲是目前全球工业机器人使用量最大的地区，占世界范围内机器人使用量的50%，其次是美洲（包括北美、南美）和欧洲。

工业机器人的主要产销国集中在日本、韩国和德国，这三国的机器人保有量和年度新增量位居全球前列。

目前，全球服务机器人市场仅有部分国防机器人、家用清洁机器人、农业机器人实现了产业化，而技术含量更高的医疗机器人、康复机器人等仍然处于研发试验阶段。2012—2017年服务机器人市场年复合增长率将达到17.4%，市场规模预计将在2017年达到461.8亿美元。

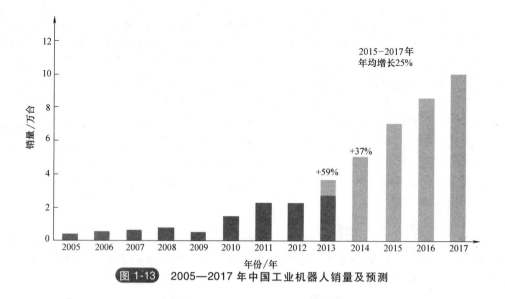

**图 1-13** 2005—2017 年中国工业机器人销量及预测

## 二、机器人产业发展趋势分析

当前各个国家对机器人技术都是非常重视，人们生活对智能化要求的提高也促进了机器人的发展，在这样的背景下，机器人技术的发展可以说是一日千里，未来机器人将在以下关键技术的基础上飞速发展，如图 1-14 所示。

## 三、我国机器人产业发展现状及前景

工业机器人是现代制造业重要的自动化装备，已成为国内外备受重视的高新技术产业，它作为现代制造业的主要自动化装备在制造业中广泛应用，也是衡量一个国家制造业综合实力的重要标志。

### 1. 发展现状

我国机器人的研究制造始于 20 世纪 70 年代，在"十五"、"十一五"攻关计划和 863 计划等科技计划的支持下，尤其是在制造业转型升级市场需求的拉动下，我国工业机器人产业发展迅速，在技术攻关和设计水平上有了长足的进步。

工业机器人产业链由零部件供应企业、本体制造商、代理商、系统集成商和用户端等构成，如图 1-15 所示。

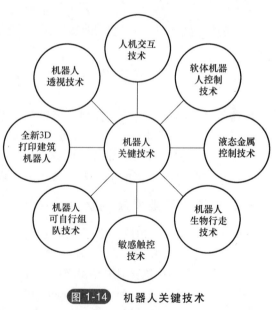

**图 1-14** 机器人关键技术

在外企纷纷通过本土企业使得自己更加适合中国市场生态的同时，国内大小企业也在纷纷抢滩。2016 年年初工信部的一项调查显示，中国涉及机器人生产及集成应用的企业达到 800 余家。中国机器人也出现了不少自主品牌，如沈阳新松、广州数控、长沙长泰、安徽埃夫特、昆山华恒、北京机械自动化所等为数不多的十几家具备一定规模和水平的企业。

### 2. 发展前景

随着我国工业转型升级、劳动力成本不断攀升及机器人生产成本下降，未来"十三五"

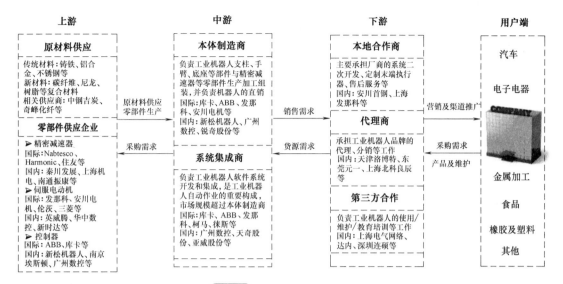

图 1-15　工业机器人产业链

期间，机器人是重点发展对象之一，国内机器人产业正面临加速增长拐点。

工信部发布的《机器人产业发展规划（2016—2020 年）》中指出：到 2020 年我国自主品牌工业机器人年产量达到 10 万台，六轴及以上工业机器人年产量达到 5 万台以上；服务机器人年销售收入超过 300 亿元，在助老助残、医疗康复等领域实现小批量生产及应用；培育 3 家以上具有国际竞争力的龙头企业，打造 5 个以上机器人配套产业集群。图 1-16 所示为我国机器人产业发展规划（2016—2020 年）。

图 1-16　我国机器人产业发展规划（2016—2020 年）

人工智能是研究、开发用于模拟、延伸和扩展人的智能的理论、方法、技术及应用系统的一门新的技术科学。人工智能从诞生以来，理论和技术日益成熟，应用领域也不断扩大，可以设想，未来人工智能带来的科技产品，将会是人类智慧的"容器"。

# 第 二 章

# 机器人运动学与动力学

分析机器人连杆的位置和姿态与关节角之间的关系的理论称为运动学。

机器人动力学（Dynamics robot）是对机器人机构受力和运动之间关系与平衡进行研究的学科。机器人动力学是复杂的动力学系统，对处理物体的动态响应取决于机器人动力学模型和控制算法。机器人动力学主要研究动力学正问题和逆问题两个方面，需要采用严密的系统方法来分析机器人动力学特性。

机器人，特别是最有代表性的关节型机器人，实质上是由一系列关节连接而成的空间连杆开式链机构。要研究机器人，就必须对其运动学和动力学有一个基本的了解。本章将主要讨论机器人运动学的基本问题，引入齐次坐标、齐次变换，进行机器人的位姿分析，介绍机器人正向与逆向运动的基本知识。

## 第一节　齐次坐标与动系位姿矩阵

### 一、空间任意点的位置描述

在关节型机器人的位姿控制中，首先要精确描述各连杆的位置。为此，要先定义一个固定的坐标系，其原点为机器人处于初始状态的正下方地面上的那个点，如图 2-1a 所示，该坐标系又称为世界坐标系。

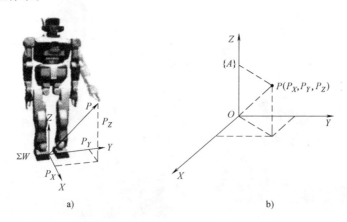

**图 2-1**　**世界坐标系与任意点的位置描述**

a）世界坐标系　b）任意点的位置描述

在选定的直角坐标系 $\{A\}$ 中，空间任意点 $P$ 的位置可以用 $3\times1$ 的位置矢量 $^A\!P$ 表示，其左上标表示选定的坐标系 $\{A\}$，此时有

$$^A\boldsymbol{P} = \begin{bmatrix} P_X \\ P_Y \\ P_Z \end{bmatrix} \qquad (2\text{-}1)$$

式中，$P_X$、$P_Y$、$P_Z$ 表示点 $P$ 在坐标系 $\{A\}$ 中位置的三个坐标分量，如图 2-1b 所示。

### 二、齐次坐标

将一个 $n$ 维空间的点用 $n+1$ 维坐标表示，则该 $n+1$ 维坐标即为 $n$ 维坐标的齐次坐标。一般情况下 $\omega$ 称为该齐次坐标中的比例因子，当取 $\omega = 1$ 时，这种表示方法称为齐次坐标的规格化形式，即

$$P = \begin{bmatrix} P_X \\ P_Y \\ P_Z \\ 1 \end{bmatrix} = \begin{bmatrix} a \\ b \\ c \\ \omega \end{bmatrix} \qquad (2\text{-}2)$$

式中，$a = \omega P_X$，$b = \omega P_Y$，$c = \omega P_Z$。

### 三、坐标轴方向的描述

如图 2-2 所示，$i$、$j$、$k$ 分别为直角坐标系中 $X$、$Y$、$Z$ 坐标轴的单位矢量，可用齐次坐标表示为

$$X = \begin{bmatrix} 1 \\ 0 \\ 0 \\ 0 \end{bmatrix}, Y = \begin{bmatrix} 0 \\ 1 \\ 0 \\ 0 \end{bmatrix}, Z = \begin{bmatrix} 0 \\ 0 \\ 1 \\ 0 \end{bmatrix} \qquad (2\text{-}3)$$

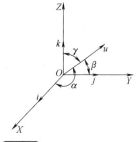

**图 2-2**　坐标轴方向的描述

由此可知，若规定：$4 \times 1$ 列阵 $\begin{bmatrix} a & b & c & 0 \end{bmatrix}^T$ 中第四个元素为零，且满足 $a^2 + b^2 + c^2 = 1$，则 $\begin{bmatrix} a & b & c & 0 \end{bmatrix}$ 中的 $a$、$b$、$c$ 表示某轴的方向。

$4 \times 1$ 列阵 $\begin{bmatrix} a & b & c & 0 \end{bmatrix}^T$ 中第四个元素不为零，则 $\begin{bmatrix} a & b & c & \omega \end{bmatrix}$ 表示空间某点的位置。

图 2-2 中矢量 $u$ 的方向可用 $4 \times 1$ 列阵表示为

$$u = \begin{bmatrix} a & b & c & 0 \end{bmatrix}^T \qquad (2\text{-}4)$$

其中，$a = \cos\alpha$，$b = \cos\beta$，$c = \cos\gamma$。

图 2-2 中矢量 $u$ 的起点 $O$ 为坐标原点，可用 $4 \times 1$ 列阵表示为

$$O = \begin{bmatrix} 0 & 0 & 0 & 1 \end{bmatrix}^T \qquad (2\text{-}5)$$

【例 2-1】　用齐次坐标表示图 2-3 中所示的矢量 $u$，$v$，$w$ 的坐标方向。

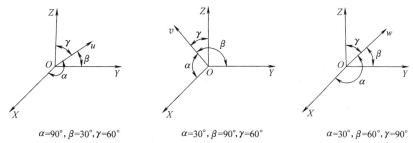

$\alpha = 90°, \beta = 30°, \gamma = 60°$　　$\alpha = 30°, \beta = 90°, \gamma = 60°$　　$\alpha = 30°, \beta = 60°, \gamma = 90°$

**图 2-3**　用不同方向角表示方向矢量 $u$、$v$、$w$

**解**　矢量 $u$，$v$，$w$ 可表示为

$$\boldsymbol{u}: \cos\alpha = 0, \cos\beta = 0.866, \cos\gamma = 0.5$$
$$\boldsymbol{u} = \begin{bmatrix} 0 & 0.866 & 0.5 & 0 \end{bmatrix}^T$$
$$\boldsymbol{v}: \cos\alpha = 0.866, \cos\beta = 0, \cos\gamma = 0.5$$
$$\boldsymbol{v} = \begin{bmatrix} 0.866 & 0 & 0.5 & 0 \end{bmatrix}^T$$
$$\boldsymbol{w}: \cos\alpha = 0.866, \cos\beta = 0.5, \cos\gamma = 0$$
$$\boldsymbol{w} = \begin{bmatrix} 0.866 & 0.5 & 0 & 0 \end{bmatrix}^T$$

### 四、动系的位姿表示

在机器人坐标系中，运动时相对于连杆不动的坐标系称为静坐标系，简称静系；跟随连杆运动的坐标系称为动坐标系，简称动系。动系位置与姿态的描述是对动系原点位置及各坐标轴方向的描述。

#### 1. 连杆的位姿描述

假设有一个机器人的连杆 $PL$，若给定了连杆 $PL$ 上某点的位置和该连杆在空间的姿态，则称该连杆在空间是完全确定的。如图 2-4 所示，$O'$ 为连杆上一点，$O'X'Y'Z'$ 为与连杆固接的一个动坐标系，即动系。连杆 $PL$ 在固定坐标系中的位置可用一齐次坐标表示为

$$\boldsymbol{P} = \begin{bmatrix} X_0 & Y_0 & Z_0 & 1 \end{bmatrix}^T \tag{2-6}$$

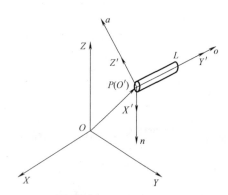

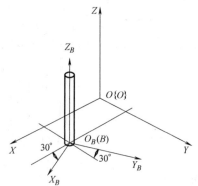

图 2-4　连杆的位姿描述　　　　　图 2-5　连杆的坐标系 {B} 位姿描述

连杆的姿态可用动系的坐标轴方向表示。令 $\boldsymbol{n}, \boldsymbol{o}, \boldsymbol{a}$ 分别为 $X'$、$Y'$、$Z'$ 坐标轴的单位矢量，各单位方向矢量在静系上的分量为动系各坐标轴的方向余弦，以齐次坐标形式分别表示为

$$\boldsymbol{n} = \begin{bmatrix} n_X & n_Y & n_Z & 0 \end{bmatrix}^T \quad \boldsymbol{o} = \begin{bmatrix} o_X & o_Y & o_Z & 0 \end{bmatrix}^T \quad \boldsymbol{a} = \begin{bmatrix} a_X & a_Y & a_Z & 0 \end{bmatrix}^T \tag{2-7}$$

由此可知，连杆的位姿可用齐次矩阵表示为

$$\boldsymbol{T} = \begin{bmatrix} \boldsymbol{n} & \boldsymbol{o} & \boldsymbol{a} & \boldsymbol{P} \end{bmatrix} = \begin{bmatrix} n_X & o_X & a_X & X_0 \\ n_Y & o_Y & a_Y & Y_0 \\ n_Z & o_Z & a_Z & Z_0 \\ 0 & 0 & 0 & 1 \end{bmatrix} \tag{2-8}$$

显然，连杆的位姿表示就是对固接于连杆上的运系的位姿表示。

【例 2-2】 图 2-5 表示固连于连杆上的坐标系 {B} 位于 $O_B$ 点，在 $XOY$ 平面内，坐标系 {B} 相对于固定坐标系 {A} 有一个 30°的偏转，试写出表示连杆位姿的坐标系 {B} 的 4×4 矩阵表达式。

**解**　$X_B$ 的方向列阵　　　　　$\boldsymbol{n} = \begin{bmatrix} \cos30° & \cos60° & \cos90° & 0 \end{bmatrix}^T$
$$= \begin{bmatrix} 0.866 & 0.5 & 0 & 0 \end{bmatrix}$$

$Y_B$ 的方向列阵　　　　　$\boldsymbol{o} = \begin{bmatrix} \cos120° & \cos30° & \cos90° & 0 \end{bmatrix}^T$

$$= \begin{bmatrix} -0.5 & 0.866 & 0 & 0 \end{bmatrix}$$

$Z_B$ 的方向列阵　　$\boldsymbol{a} = \begin{bmatrix} 0 & 0 & 1 & 0 \end{bmatrix}^T$

坐标系 $\{B\}$ 的位置阵列　　$\boldsymbol{P} = \begin{bmatrix} 2 & 1 & 0 & 1 \end{bmatrix}^T$

则动坐标系 $\{B\}$ 的 4×4 矩阵表达式为 $T = \begin{bmatrix} 0.866 & -0.5 & 0 & 2 \\ 0.5 & 0.866 & 0 & 1 \\ 0 & 0 & 1 & 0 \\ 0 & 0 & 0 & 1 \end{bmatrix}$

### 2. 手部位姿的描述

机器人手部的位姿描述如图 2-6 所示，可用固接于手部的坐标系 $\{B\}$ 的位姿来表示。坐标系 $\{B\}$ 由原点位置和三个单位矢量唯一确定。

（1）原点　取手部中心点为原点 $O_B$。

（2）接近矢量　关节轴方向的单位矢量 $\boldsymbol{a}$。

（3）姿态矢量　手指连线方向的单位矢量 $\boldsymbol{o}$。

（4）法向矢量　$\boldsymbol{n}$ 为法向单位矢量，同时垂直于 $\boldsymbol{a}$、$\boldsymbol{o}$ 矢量，即 $\boldsymbol{n} = \boldsymbol{a} \times \boldsymbol{o}$。

手部位姿矢量为从固定参考坐标系 $OXYZ$ 原点指向手部坐标系 $\{B\}$ 原点的矢量 $P$。

手部的位姿可由 4×4 矩阵表示为

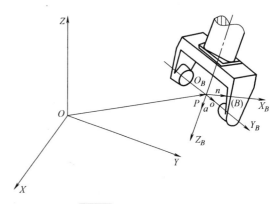

图 2-6　手部位姿的描述

$$T = \begin{bmatrix} \boldsymbol{n} & \boldsymbol{o} & \boldsymbol{a} & \boldsymbol{P} \end{bmatrix} = \begin{bmatrix} n_X & o_X & a_X & X_0 \\ n_Y & o_Y & a_Y & Y_0 \\ n_Z & o_Z & a_Z & Z_0 \\ 0 & 0 & 0 & 1 \end{bmatrix} \tag{2-9}$$

### 3. 目标物位姿的描述

任何一个物体在空间的位姿和姿态都可以用齐次矩阵来表示。

【例 2-3】　图 2-7 表示手部抓握物体 $Q$，物体是边长为 2 个单位的正方体，写出表达该手部位姿的矩阵式。

**解**　因为物体 $Q$ 中心为手部坐标系 $O'X'Y'Z'$ 的坐标原点 $O'$，所以手部位置的 4×1 列阵为 $p = \begin{bmatrix} 1 & 1 & 1 & 1 \end{bmatrix}^T$

对于手部坐标系，轴的方向可以用单位矢量 $\boldsymbol{a}$ 表示为

$\boldsymbol{n}$　　$\alpha = 90°,\ \beta = 180°,\ \gamma = 90°$

$\qquad n_X = \cos\alpha = 0$

$\qquad n_Y = \cos\beta = -1$

$\qquad n_Z = \cos\gamma = 0$

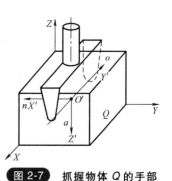

图 2-7　抓握物体 $Q$ 的手部

同理，手部坐标系 $Y'$ 轴与 $Z'$ 轴的方向分别用单位矢量 $\boldsymbol{o}$ 和 $\boldsymbol{a}$ 表示为

$\boldsymbol{o}: o_X = -1,\ o_Y = 0,\ o_Z = 0$

$\boldsymbol{a}: a_X = 0,\ a_Y = 0,\ a_Z = -1$

由此可知，手部位姿可用矩阵表达为

$$T = \begin{bmatrix} \boldsymbol{n} & \boldsymbol{o} & \boldsymbol{a} & \boldsymbol{p} \end{bmatrix} = \begin{bmatrix} 0 & -1 & 0 & 1 \\ -1 & 0 & 0 & 1 \\ 0 & 0 & -1 & 1 \\ 0 & 0 & 0 & 1 \end{bmatrix}$$

【例 2-4】 如图 2-8 所示，楔块 $Q$ 在移动前位置的情况下可用 6 个点描述，矩阵表达式为

$$Q = \begin{bmatrix} 1 & -1 & -1 & 1 & 1 & -1 \\ 0 & 0 & 0 & 0 & 4 & 4 \\ 0 & 0 & 2 & 2 & 0 & 0 \\ 1 & 1 & 1 & 1 & 1 & 1 \end{bmatrix}$$

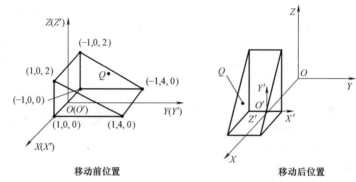

移动前位置　　　　　　　　　　移动后位置

**图 2-8** 楔块 $Q$ 位姿的齐次矩阵表示

**解** 若让其绕 $Z$ 轴旋转 90°，记为 Rot（$Z$，90°）；再绕 $Y$ 轴旋转 90°，记为 Rot（$Y$，90°），然后沿 $X$ 轴平移 4，即 Trans（4. 0. 0），则楔块 $Q$ 移动后位置的位姿可齐次矩阵表达式为

$$Q' = \begin{bmatrix} 4 & 4 & 6 & 6 & 4 & 4 \\ 1 & -1 & -1 & 1 & 1 & -1 \\ 0 & 0 & 0 & 0 & 4 & 4 \\ 1 & 1 & 1 & 1 & 1 & 1 \end{bmatrix}$$

由此可见，用符号表示目标物的变换方式，不但可以记录物体移动的过程，也便于矩阵的运算。

# 第二节　齐　次　变　换

在机器人中，手臂、手腕等都被视为（连杆）刚体。而刚体的运动一般包括平移运动、旋转运动和平移加旋转运动。如果把刚体每次简单的运动用一个变换矩阵来表示，那么，多次运动即可用多个变换矩阵的积来表示，表示这个积的矩阵称为齐次变换矩阵。这样，用连杆的初始位姿矩阵乘以齐次变换矩阵，即可得到经过多次变换后该连杆的最终位姿矩阵。通过多个连杆位姿的传递，可以得到机器人末端操作器的位姿。

## 一、平移的齐次变换

首先，介绍点在空间直角坐标系中的平移。如图 2-9 所示，空间某一点 $A$，坐标为（$X$，$Y$，$Z$），当它平移至点 $A'$ 后，坐标为（$X'$，$Y'$，$Z'$），其中：

$$X' = X + \Delta X$$
$$Y' = Y + \Delta Y \qquad\qquad (2\text{-}10)$$
$$Z' = Z + \Delta Z$$

或写成如下形式：

$$\begin{bmatrix} X' \\ Y' \\ Z' \\ 1 \end{bmatrix} = \begin{bmatrix} 1 & 0 & 0 & \Delta X \\ 0 & 1 & 0 & \Delta Y \\ 0 & 0 & 1 & \Delta Z \\ 0 & 0 & 0 & 1 \end{bmatrix} \begin{bmatrix} X \\ Y \\ Z \\ 1 \end{bmatrix}$$

也可简写成：

$$A' = \text{Trans}(\Delta X, \Delta Y, \Delta Z) A \qquad\qquad (2\text{-}11)$$

式中 $\text{Trans}(\Delta X, \Delta Y, \Delta Z)$ 表示齐次坐标变换的平移算子，且

$$\text{Trans}(\Delta X, \Delta Y, \Delta Z) = \begin{bmatrix} 1 & 0 & 0 & \Delta X \\ 0 & 1 & 0 & \Delta Y \\ 0 & 0 & 1 & \Delta Z \\ 0 & 0 & 0 & 1 \end{bmatrix} \qquad (2\text{-}12)$$

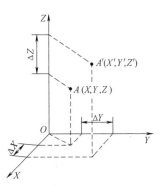

**图 2-9**　点在空间直角坐标系中的平移

式中，第四列元素 $\Delta X$、$\Delta Y$、$\Delta Z$ 分别表示沿坐标轴 $X$、$Y$、$Z$ 的移动量。

由上述推导可以看出，平移变换的数学实质是求两个矢量的和，$T$ 为平移变换矩阵。对于二维情况，它是 3×3 单位方阵。它是由一个 2×2 单位矩阵，和所求点的列矢量以及满足齐次坐标表达式而增加的一个行矢量 $[0\ \ 0\ \ 1]$ 组成。对于三维情况，它是 4×4 单位方阵。完成平移变换的关键在于要构造一个变换矩阵 $T$。平移的齐次变换公式同样适用于坐标系、物体等的变换。

【例 2-5】　如图 2-10 所示，坐标系与物体的平移变换给出了下面三种情况：动坐标系 $\{A\}$ 相对于固定坐标系的 $X_0$、$Y_0$、$Z_0$ 轴做 $(-1, 2, 2)$ 平移后到 $\{A'\}$；动坐标系 $\{A\}$ 相对于自身坐标系的轴分别做 $(-1, 2, 2)$ 平移后到 $\{A''\}$；物体 $Q$ 相对于固定坐标系做 $(2, 6, 0)$ 平移后到 $Q'$。

已知

$$A = \begin{bmatrix} 0 & -1 & 0 & 1 \\ -1 & 0 & 0 & 1 \\ 0 & 0 & -1 & 1 \\ 0 & 0 & 0 & 1 \end{bmatrix}, Q = \begin{bmatrix} 1 & -1 & -1 & 1 & 1 & -1 \\ 0 & 0 & 0 & 0 & 2 & 2 \\ 0 & 0 & 1 & 1 & 0 & 0 \\ 1 & 1 & 1 & 1 & 1 & 1 \end{bmatrix}$$

写出坐标系 $\{A'\}$、$\{A''\}$ 以及物体 $Q'$ 的矩阵表达式。

**解**　动坐标系 $\{A\}$ 的两个齐次坐标变换平移算子均为

$$\text{Trans}(\Delta X, \Delta Y, \Delta Z) = \begin{bmatrix} 1 & 0 & 0 & -1 \\ 0 & 1 & 0 & 2 \\ 0 & 0 & 1 & 2 \\ 0 & 0 & 0 & 1 \end{bmatrix}$$

$A'$ 坐标系是动系 $\{A\}$ 沿固定坐标系平移变换得来的，故算子左乘，$A'$ 的矩阵表达式为

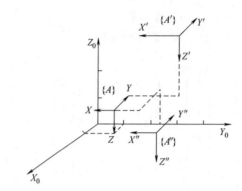

坐标系

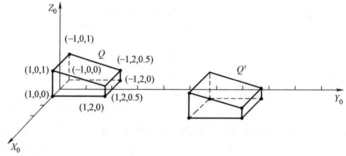

物体 $Q$ 在固定坐标系下的位置变化

图 2-10  物体的平移

$$A' = \text{Trans}(-1,2,2)A = \begin{bmatrix} 1 & 0 & 0 & -1 \\ 0 & 1 & 0 & 2 \\ 0 & 0 & 1 & 2 \\ 0 & 0 & 0 & 1 \end{bmatrix}\begin{bmatrix} 0 & -1 & 0 & 1 \\ -1 & 0 & 0 & 1 \\ 0 & 0 & -1 & 1 \\ 0 & 0 & 0 & 1 \end{bmatrix} = \begin{bmatrix} 0 & -1 & 0 & 0 \\ -1 & 0 & 0 & 3 \\ 0 & 0 & -1 & 3 \\ 0 & 0 & 0 & 1 \end{bmatrix}$$

$$A'' = A\text{Trans}(-1,2,2) = \begin{bmatrix} 0 & -1 & 0 & 1 \\ -1 & 0 & 0 & 1 \\ 0 & 0 & -1 & 1 \\ 0 & 0 & 0 & 1 \end{bmatrix}\begin{bmatrix} 1 & 0 & 0 & -1 \\ 0 & 1 & 0 & 2 \\ 0 & 0 & 1 & 2 \\ 0 & 0 & 0 & 1 \end{bmatrix} = \begin{bmatrix} 0 & -1 & 0 & -1 \\ -1 & 0 & 0 & 2 \\ 0 & 0 & -1 & -1 \\ 0 & 0 & 0 & 1 \end{bmatrix}$$

物体 $Q$ 的齐次坐标变换平移算子为

$$\text{Trans}(\Delta X, \Delta Y, \Delta Z) = \begin{bmatrix} 1 & 0 & 0 & 2 \\ 0 & 1 & 0 & 6 \\ 0 & 0 & 1 & 0 \\ 0 & 0 & 0 & 1 \end{bmatrix}$$

故有
$Q' = \text{Trans}(2,6,0)Q$

$$= \begin{bmatrix} 1 & 0 & 0 & 2 \\ 0 & 1 & 0 & 6 \\ 0 & 0 & 1 & 0 \\ 0 & 0 & 0 & 1 \end{bmatrix}\begin{bmatrix} 1 & -1 & -1 & 1 & 1 & -1 \\ 0 & 0 & 0 & 0 & 2 & 2 \\ 0 & 0 & 1 & 1 & 0 & 0 \\ 1 & 1 & 1 & 1 & 1 & 1 \end{bmatrix} = \begin{bmatrix} 3 & 1 & 1 & 3 & 3 & 1 \\ 6 & 6 & 6 & 6 & 8 & 8 \\ 0 & 0 & 1 & 1 & 0 & 0 \\ 1 & 1 & 1 & 1 & 1 & 1 \end{bmatrix}$$

## 二、旋转的齐次变换

### 1. 点在空间直角坐标系中绕坐标轴的旋转变换

如图 2-11 所示，空间某一点 $A$，其坐标为 $(X, Y, Z)$，当它绕 $Z$ 轴旋转 $\theta$ 后移至 $A'$ 点，坐标为 $(X', Y', Z')$。$A'$ 与 $A$ 点的关系为

$$X' = X\cos\theta - Y\sin\theta$$
$$Y' = X\sin\theta + Y\cos\theta \qquad (2\text{-}13)$$
$$Z' = Z$$

或用矩阵表示为：
$$\begin{bmatrix} X' \\ Y' \\ Z' \end{bmatrix} = \begin{bmatrix} \cos\theta & -\sin\theta & 0 \\ \sin\theta & \cos\theta & 0 \\ 0 & 0 & 1 \end{bmatrix}\begin{bmatrix} X \\ Y \\ Z \end{bmatrix} \qquad (2\text{-}14)$$

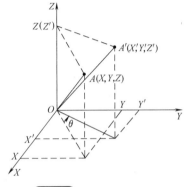

图 2-11 点的旋转变换

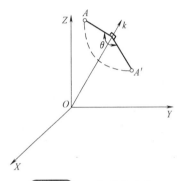

图 2-12 一般旋转变换

$A'$ 与 $A$ 的齐次坐标分别为 $\begin{bmatrix} X' & Y' & Z' & 1 \end{bmatrix}^T$ 和 $\begin{bmatrix} X & Y & Z & 1 \end{bmatrix}^T$，因此 $A$ 点的旋转齐次变换过程为

$$\begin{bmatrix} X' \\ Y' \\ Z' \\ 1 \end{bmatrix} = \begin{bmatrix} \cos\theta & -\sin\theta & 0 & 0 \\ \sin\theta & \cos\theta & 0 & 0 \\ 0 & 0 & 1 & 0 \\ 0 & 0 & 0 & 0 \end{bmatrix}\begin{bmatrix} X \\ Y \\ Z \\ 1 \end{bmatrix} \qquad (2\text{-}15)$$

也可简写为 $\qquad A' = \text{Rot}(Z, \theta)A \qquad (2\text{-}16)$

式中，$\text{Rot}(Z, \theta)$ 表示齐次坐标变换时绕 $Z$ 轴转动的齐次变换矩阵，又称为旋转算子，旋转算子左乘表示相对于固定坐标系进行变换，旋转算子的内容为

$$\text{Rot}(Z, \theta) = \begin{bmatrix} c\theta & -s\theta & 0 & 0 \\ s\theta & c\theta & 0 & 0 \\ 0 & 0 & 1 & 0 \\ 0 & 0 & 0 & 1 \end{bmatrix} \qquad (2\text{-}17)$$

式中，$c\theta = \cos\theta$；$s\theta = \sin\theta$；下同。

同理，可写出绕 $X$ 轴转动的旋转算子和绕 $Y$ 轴转动的旋转算子为

$$\text{Rot}(X, \theta) = \begin{bmatrix} 1 & 0 & 0 & 0 \\ 0 & c\theta & -s\theta & 0 \\ 0 & s\theta & c\theta & 0 \\ 0 & 0 & 0 & 1 \end{bmatrix} \quad \text{Rot}(Y, \theta) = \begin{bmatrix} c\theta & 0 & s\theta & 0 \\ 0 & 1 & 0 & 0 \\ -s\theta & 0 & c\theta & 0 \\ 0 & 0 & 0 & 1 \end{bmatrix} \qquad (2\text{-}18)$$

### 2. 点在空间直角坐标系绕过原点任意轴的一般旋转变换

图 2-12 示为点 $A$ 绕任意过原点的单位矢量 $k$ 旋转 $\theta$ 的情况。$k_X$、$k_Y$、$k_Z$ 分别为 $k$ 矢量在

固定参考系坐标轴 $X$、$Y$、$Z$ 上的三个分量，且 $k_X^2+k_Y^2+k_Z^2=1$。

可以求得，绕任意过原点的单位矢量 $k$ 转 $\theta$ 角的旋转算子为

$$\text{Rot}(k,\theta)=\begin{bmatrix} k_Xk_X\text{vers}\theta+c\theta & k_Yk_X\text{vers}\theta-k_Zs\theta & k_Zk_X\text{vers}\theta+k_Ys\theta & 0 \\ k_Xk_Y\text{vers}\theta+k_Zs\theta & k_Yk_Y\text{vers}\theta+c\theta & k_Zk_Y\text{vers}\theta-k_Xs\theta & 0 \\ k_Xk_Z\text{vers}\theta-k_Ys\theta & k_Yk_Z\text{vers}\theta+k_Xs\theta & k_Zk_Z\text{vers}\theta+c\theta & 0 \\ 0 & 0 & 0 & 1 \end{bmatrix} \qquad (2\text{-}19)$$

式中，$\text{vers}\theta=1-\cos\theta$。

式（2-19）称为一般旋转齐次变换通式，它概括了绕 $X$ 轴、$Y$ 轴及 $Z$ 轴进行旋转齐次变换的各种特殊情况。

反之，若给出某个旋转算子

$$R=\begin{bmatrix} n_X & o_X & a_X & 0 \\ n_Y & o_Y & a_Y & 0 \\ n_Z & o_Z & a_Z & 0 \\ 0 & 0 & 0 & 1 \end{bmatrix}$$

则可根据式（2-19）求出其等效转轴矢量 $k$ 及等效转角 $\theta$ 为

$$\sin\theta=\pm\frac{1}{2}\sqrt{(o_Z-a_Y)^2+(a_X-n_Z)^2+(n_Y-o_X)^2}$$

$$\tan\theta=\pm\frac{\sqrt{(o_Z-a_Y)^2+(a_X-n_Z)^2+(n_Y-o_X)^2}}{n_X+o_Y+a_Z-1}$$

$$k_X=\frac{o_Z-a_Y}{2\sin\theta}$$

$$k_Y=\frac{a_X-n_Z}{2\sin\theta} \qquad (2\text{-}20)$$

$$k_Z=\frac{n_Y-o_X}{2\sin\theta}$$

式中，当 $\theta$ 取 $0°\sim180°$ 之间的值时，式中的符号取 "+" 号；当转角很小时，公式很难确定转轴；当接近 $0°$ 或 $180°$ 时，转轴完全不确定。

旋转算子公式以及一般旋转算子公式不仅适用于点的旋转变换，而且也适用于矢量、坐标系、物体等的旋转变换计算。

**3. 算子左右乘规则**

若对固定坐标系进行变换，则算子左乘；若对动坐标系进行变换，则算子右乘。

【例2-6】 已知坐标系中点 $U$ 的位置矢量 $U=\begin{bmatrix} 7 & 3 & 2 & 1 \end{bmatrix}^T$，将此点绕 $Z$ 轴旋转 $90°$，在绕 $Y$ 轴旋转 $90°$，如图 2-13 所示，求旋转变换后所得的 $W$ 点。

解 $W=\text{Rot}(Y,90°)\text{Rot}(Z,90°)U$

$$=\begin{bmatrix} 0 & 0 & 1 & 0 \\ 0 & 1 & 0 & 0 \\ -1 & 0 & 0 & 0 \\ 0 & 0 & 0 & 1 \end{bmatrix}\begin{bmatrix} 0 & -1 & 0 & 0 \\ 1 & 0 & 0 & 0 \\ 0 & 0 & 1 & 0 \\ 0 & 0 & 0 & 1 \end{bmatrix}\begin{bmatrix} 7 \\ 3 \\ 2 \\ 1 \end{bmatrix}$$

$$=\begin{bmatrix} 0 & 0 & 1 & 0 \\ 1 & 0 & 0 & 0 \\ 0 & 1 & 0 & 0 \\ 0 & 0 & 0 & 1 \end{bmatrix}\begin{bmatrix} 7 \\ 3 \\ 2 \\ 1 \end{bmatrix}=\begin{bmatrix} 2 \\ 7 \\ 3 \\ 1 \end{bmatrix}$$

**图 2-13** 两次旋转变换

## 第三节　机器人操作机运动学方程的建立及求解

描述机器人操作机（机械手）上每一活动杆件（连杆）在空间相对于绝对坐标系或相对于机座坐标系的位置及姿态的方程，称为机器人操作机的运动学方程。

操作机运动学研究机器人末端执行器相对于参考系的位置、速度和角速度以及加速度和角加速度，而不考虑引起运动的力和力矩。机器人操作机末端执行器的位置和姿态问题，通常可分为两类基本问题。

一类是运动学正问题，已知机器人操作机各运动副的参数和杆件的结构参数，求末端执行器相对于参考坐标系的位置和姿态。

另一类是运动学逆问题，根据已给定的满足工作要求时末端执行器相对于参考坐标系的位置和姿态以及杆件的结构参数，求各运动副的运动参数。这是机器人设计中对其进行控制的关键，因为只有使各关键运动到逆解中求得的值，才能使末端执行器到达工作要求的位置和姿态。

机器人运动学的研究重点是研究手部的位姿和运动，而手部位姿是机器人各杆件的尺寸、运动副类型及杆间的相互关系直接关联。因此对杆件坐标系建立的研究十分重要。

### 一、连杆参数及连杆坐标系的建立

#### 1. 坐标系号的分配方法

机器人的各连杆通过关节连接在一起，关节有移动副和转动副两种，按从机座到末端执行器的顺序，由低到高依次为各关节和各连杆编号，如图 2-14 所示。机座的编号为连件 0，与机座相连的连杆编号为连杆 1，依此类推。机座与连杆 1 的关节编号为关节 1，连杆 1 与连杆 2 的关节编号为关节 2，依此类推，各连杆的坐标系 $Z$ 轴方向与关节轴线重合（对于移动关节，$Z$ 轴线沿此关节移动方向）。

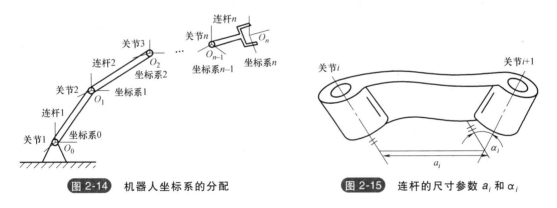

图 2-14　机器人坐标系的分配　　　　图 2-15　连杆的尺寸参数 $a_i$ 和 $\alpha_i$

#### 2. 各坐标系方位的确定

机器人机械手是由一系列连接在一起的连杆（杆件）构成的。如图 2-15 所示，连杆两端有关节 $i$ 和 $i+1$。该连杆尺寸可以用两个量来描述：一个是两个关节轴线沿公垂线的距离 $a_i$，称为连杆长度；一个是垂直于 $a_i$ 的平面内两个轴线的夹角 $\alpha_i$，称为连杆扭角。这两个参数是连杆的尺寸参数。

有两种方法用于确定各坐标系的方位。

（1）一般方法　只要满足前述条件，则对坐标系各坐标轴的分配并无任何特殊规定。在此情况下，后一坐标系（序号大的坐标系）向前一坐标系的坐标变换完全按照坐标变换方程进行。

（2）D-H 方法　这种方法是由 Denauit 和 Hartenbery 于 1956 年提出的，它严格定义了每个坐标系的坐标轴，并对连杆和关节定义了 4 个参数。

机器人机械手坐标系的配置取决于机械手连杆连接的类型，有其转动关节和棱柱联轴器（平动关节）两种连接。

1）转动关节的 D-H 坐标系。转动关节的 D-H 坐标系建立示意图如图 2-16 所示。

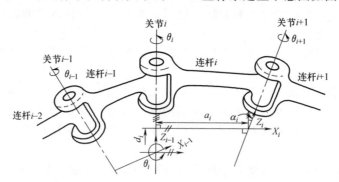

**图 2-16　转动关节的 D-H 坐标系建立示意图**

连杆 $i$ 的坐标系的 $Z_i$ 轴位于连杆 $i$ 与连杆 $i+1$ 的转动关节轴上，连杆 $i$ 两端轴线的公垂线为连杆坐标系的 $X_i$ 轴，方向指向下一个连杆；公垂线与 $Z_i$ 的交点为坐标系原点；坐标系的 $Y_i$ 轴由 $X_i$ 和 $Z_i$ 确定。至此，连杆 $i$ 的坐标系得以确立。

对于如上建立的连杆坐标系，共有 4 个参数来描述，其中两个参数用来描述连杆，即公共法线的距离 $a_i$ 和垂直于 $a_i$ 所在平面关节轴线（$Z_{i-1}$ 和 $Z_i$）的夹角 $\alpha_i$；另两个参数表示相邻两连杆的关系，即两连杆的相对位置 $d_i$ 和两连杆法线的夹角 $\theta_i$。

在机器人中，除了第一个和最后一个连杆外，每一个连杆两端各有一转动轴线，每个连杆两端的轴线各有一条法线，分别为前、后相邻的公共法线，这两法线的距离为 $d_i$。其中 $a_i$ 称为长度，$\alpha_i$ 为连杆扭角，$d_i$ 为两杆距离，$\theta_i$ 为两杆夹角。

另外，还有一种特殊情况，即连杆 $i$ 的两端轴线平行。在这种情况下，由于两平行轴线的公垂线存在多值，故无法确定连杆 $i$ 的坐标系原点。这时，连杆 $i$ 的坐标系原点由 $d_{i+1}$ 确定。

2）棱柱联轴器（平动关节）的 D-H 坐标系。对于图 2-17 所示棱柱联轴器，距离 $d_i$ 称为联轴器（关节）变量，而联轴器的方向即为此联轴器移动的方向。该轴方向是规定的，但不同于转动关节的情况是该轴空间位置没有规定。对于联轴器来说，其长度 $a_i$ 没有意义，令其为零。联轴器的坐标系原点与下一个规定的连杆原点重合。棱柱联轴器 $Z$ 轴在关节 $n+1$ 的轴线上，$X_i$ 轴平行于棱柱联轴器矢量于 $Z_i$ 矢量的交积。当 $d_i = 0$ 时，定义该联轴器的位置为零。

## 二、连杆坐标系间的变换矩阵

### 1. 连杆坐标系间的齐次变换矩阵表示方法

用 $A_n^{n-1}$ 表示机器人连杆 $n$ 坐标系的坐标变换成连杆 $n-1$ 坐标系的坐标的齐次坐标变换矩阵，通常上把上标省略，写成 $A_n$。对于 $n$ 个关节的机器人，前一个关节向后一个关节的坐标齐次变换矩阵分别为

$$A_n^{n-1}, A_{n-1}^{n-2}, \cdots, A_1^0$$

也就是

$$A_n, \quad A_{n-1}, \quad \cdots, \quad A_1$$

其中，$A_1^0$（$A_1$）表示连杆 1 上的 1 号坐标系到机座的 0 号坐标系的齐次坐标变换矩阵。

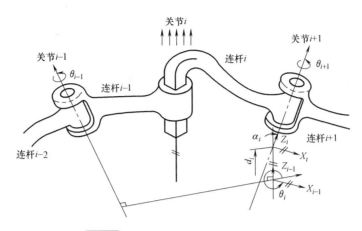

关节$i$

关节$i-1$　　　连杆$i$　　　关节$i+1$

$\theta_{i-1}$　　　　　　　　　　　　　　　　　　$\theta_{i+1}$

连杆$i-1$

连杆$i+1$

连杆$i-2$

$\alpha_i$　$Z_i$

$X_i$

$d_i$

$Z_{i-1}$

$\theta_i$　$X_{i-1}$

**图 2-17**　棱柱联轴器坐标系建立示意图

**2. 连杆坐标系间变化矩阵的确定**

一旦对全部连杆规定坐标系后，就能按照下列步骤建立相邻两连杆 $i$ 和 $i+1$ 之间的相对关系。

绕 $Z_{i-1}$ 轴旋转 $\theta_i$，使 $X_{i-1}$ 轴旋转到与 $X_i$ 同一平面内。

沿 $Z_{i-1}$ 轴平移一距离 $d_i$，把 $X_{i-1}$ 移动到与 $X_i$ 同一直线上。

沿 $X_i$ 轴平移一距离 $A_i$，把连杆 $i-1$ 的坐标系移动到使其原点与连杆 $i$ 坐标系原点重合的地方。

绕 $X_i$ 轴旋转 $\alpha_i$，使 $Z_{i-1}$ 轴旋转到与 $Z_i$ 同一直线上。

连杆 $i-1$ 的坐标系经过上述变换与连杆 $i$ 的坐标系重合。如果把相邻连杆对空间的关系称为 $A$ 矩阵，那么根据上述变换步骤，从连杆 $i$ 到连杆 $i-1$ 的坐标变换矩阵 $A_i$ 为

$$A_i = \mathrm{Rot}(Z,\theta)\,\mathrm{Trans}(0,0,d_i)\,\mathrm{Rot}(X,\alpha_i)$$

$$= \begin{bmatrix} \cos\theta_i & -\sin\theta_i & 0 & 0 \\ \sin\theta_i & \cos\theta_i & 0 & 0 \\ 0 & 0 & 0 & 0 \\ 0 & 0 & 0 & 1 \end{bmatrix} \begin{bmatrix} 1 & 0 & 0 & \alpha_i \\ 0 & 1 & 0 & 0 \\ 0 & 0 & 1 & d_i \\ 0 & 0 & 0 & 1 \end{bmatrix} \begin{bmatrix} 1 & 0 & 0 & 0 \\ 0 & \cos\alpha_i & 0 & 0 \\ 0 & 0 & -\sin\alpha_i & d_i \\ 0 & 0 & 0 & 1 \end{bmatrix}$$

$$= \begin{bmatrix} \cos\theta_i & -\sin\theta_i\cos\alpha_i & \sin\theta_i\sin\alpha_i & a_i\cos\theta_i \\ \sin\theta_i & \cos\theta_i\cos\alpha_i & -\cos\theta_i\sin\alpha_i & a_i\sin\theta_i \\ 0 & \sin\alpha_i & \cos\alpha_i & d_i \\ 0 & 0 & 0 & 1 \end{bmatrix} \tag{2-21}$$

同理，对联轴器的齐次坐标变换矩阵有

$$A_i = \begin{bmatrix} \cos\theta_i & -\sin\theta_i\cos\alpha_i & \sin\theta_i\sin\alpha_i & \sin\theta_i\sin\alpha_i \\ \sin\theta_i & \cos\theta_i\cos\alpha_i & -\cos\theta_i\sin\alpha_i & -\cos\theta_i\sin\alpha_i \\ 0 & \sin\alpha_i & \cos\alpha_i & d_i \\ 0 & 0 & 0 & 1 \end{bmatrix} \tag{2-22}$$

实际上很多机器人在设计时，常常使某些连杆参数取特别值，例如使 $\alpha_i = 0$ 或 $90°$，也有的使 $d_i = 0$ 或 $\alpha_i = 0°$，从而可以简化变换矩阵 $A_i$ 的计算过程，这样也可以实现简化控制。

## 第四节  机器人运动学方程

### 一、机器人运动学方程

对机器人的每一个连杆建立一个坐标系，并用齐次变换来描述这些坐标系间的相对关系，也叫作相对位姿。通常把描述一个连杆坐标系下与下一个连杆坐标系间相对关系的齐次变换矩阵，叫作 $A$ 变换矩阵或 $A$ 矩阵。

如果 $A_1$ 矩阵表示第一连杆坐标系相对于固定坐标系的齐次变换，则第一连杆坐标系相对于固定坐标系的位姿 $T_1$ 为

$$T_1 = A_1 T_0$$

如果 $A_2$ 矩阵表示第二连杆坐标系相对于第一连杆坐标系的齐次变换，则第二连杆坐标系在固定坐标系中的位姿 $T_2$ 可用 $A_2$ 和 $A_1$ 的乘积来表示，并且 $A_2$ 应该右乘，即

$$T_2 = A_1 A_2$$

同理，若 $A_3$ 矩阵表示第三连杆坐标系相对于第二连杆坐标系的齐次变换，则有

$$T_3 = A_1 A_2 A_3$$

依此类推，对于六连杆机器人，有下列矩阵

$$T_6 = A_1 A_2 A_3 A_4 A_5 A_6 \tag{2-23}$$

该等式称为机器人运动学方程，此式右边表示了从固定参考系到手部坐标系的各连杆坐标系之间的变换矩阵的连乘，左边 $T_6$ 表示这些变换矩阵的乘积，也就是手部坐标系相对于固定参考系的位姿。式（2-23）的计算结果 $T_6$ 是一个 4×4 的矩阵，即

$$T_6 = \begin{bmatrix} n_X & o_X & a_X & P_X \\ n_Y & o_Y & a_Y & P_Y \\ n_Z & o_Z & a_Z & P_Z \\ 0 & 0 & 0 & 1 \end{bmatrix} \tag{2-24}$$

式中，前三列表示手部的姿态，第四列表示手部的位置。

### 二、正向与逆向运动学的实例

正向运动学主要解决机器人运动学方程的建立及手部位姿的求解问题。

反向运动学解决的问题是已知手部的位姿，求各个关节的变量。在机器人的控制中，往往已知手部到达的目标位姿，需要求出关节变量，以驱动各关节的电动机，使手部的位姿得到满足，这就是运动学的反向问题，也称为逆向运动学。运动学逆解可表示为

$$\begin{bmatrix} n_X & o_X & a_X & P_X \\ n_Y & o_Y & a_Y & P_Y \\ n_Z & o_Z & a_Z & P_Z \\ 0 & 0 & 0 & 1 \end{bmatrix} = A_1 A_2 A_3 A_4 A_5 A_6 \tag{2-25}$$

【例2-7】 图2-18所示为斯坦福机器人及各连杆的坐标系，斯坦福机器人的手臂有两个转动关节（关节1和关节2）且两个转动关节的轴线相交于一点，一个移动关节（关节3）共三个自由度；杆1绕固定坐标系的 $Z_0$ 轴旋转 $\theta_1$；杆2绕固定坐标系的 $Z_1$ 轴旋转 $\theta_2$；杆3绕杆2坐标系的 $Z_2$ 轴平移 $d_3$。手腕有三上转动关节，与转动关节的轴线相交于一点，共三个自由度；杆4绕杆3坐标系的 $Z_3$ 轴旋转 $\theta_4$；杆5绕杆4坐标系的 $Z$ 轴旋转 $\theta_5$；杆6绕杆5坐标系的 $Z$ 轴旋转 $\theta_6$；$X_6 Y_6 Z_6$ 为手部坐标系，原点位于手部两手爪的中心，离手腕中心的距离为 $H$，当夹持工件时，需确定它与被夹持工件上固连坐标系的相对位置关系和相对姿态关系。

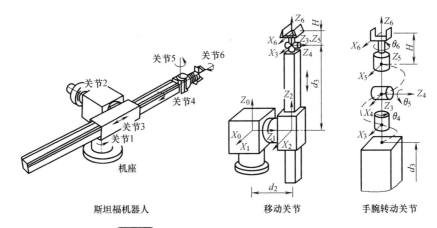

关节5　关节6
关节2
关节4
关节3
关节1
机座
斯坦福机器人

$d_2$
移动关节

$d_3$
手腕转动关节

**图 2-18　斯坦福机器人及各连杆的坐标系**

**解**　根据斯坦福机器人各连杆参数（见表 2-1）和齐次变换矩阵公式，得

$$
A_1=\begin{bmatrix} c\theta_1 & 0 & -s\theta_1 & 0 \\ s\theta_1 & 0 & c\theta_1 & 0 \\ 0 & -1 & 0 & 0 \\ 0 & 0 & 0 & 1 \end{bmatrix},\ A_2=\begin{bmatrix} c\theta_2 & 0 & s\theta_2 & 0 \\ s\theta_2 & 0 & -c\theta_2 & 0 \\ 0 & 1 & 0 & d_2 \\ 0 & 0 & 0 & 1 \end{bmatrix},\ A_3=\begin{bmatrix} 1 & 0 & 0 & 0 \\ 0 & 1 & 0 & 0 \\ 0 & 0 & 1 & d_3 \\ 0 & 0 & 0 & 1 \end{bmatrix}
$$

$$
A_4=\begin{bmatrix} c\theta_4 & 0 & -s\theta_4 & 0 \\ s\theta_4 & 0 & c\theta_4 & 0 \\ 0 & -1 & 0 & 0 \\ 0 & 0 & 0 & 1 \end{bmatrix},\ A_5=\begin{bmatrix} c\theta_5 & 0 & s\theta_5 & 0 \\ s\theta_5 & 0 & -c\theta_5 & 0 \\ 0 & 1 & 0 & 0 \\ 0 & 0 & 0 & 1 \end{bmatrix},\ A_6=\begin{bmatrix} c\theta_6 & -s_6 & 0 & 0 \\ s\theta_6 & c\theta_6 & 0 & 0 \\ 0 & 0 & 1 & 0 \\ 0 & 0 & 0 & 1 \end{bmatrix}
$$

则斯坦福机器人运动方程为

$$
T_6=A_1A_2A_3A_4A_5A_6=\begin{bmatrix} n_X & o_X & a_X & P_X \\ n_Y & o_Y & a_Y & P_Y \\ n_Z & o_Z & a_Z & P_Z \\ 0 & 0 & 0 & 1 \end{bmatrix}
$$

式中，

$$
\begin{cases}
n_X=c_1\left[\,c_2\left(c_4c_5c_6-s_4s_6\right)-s_2s_5s_6\,\right]-s_1\left(s_4c_5c_6+c_4s_6\right) \\
n_Y=s_1\left[\,c_2\left(c_4c_5c_6-s_4s_6\right)-s_2s_5s_6\,\right]+c_1\left(s_4c_5c_6+c_4s_6\right) \\
n_Z=-s_2\left(c_4c_5c_6-s_4s_6\right)-c_2s_5c_6 \\
o_X=c_1\left[\,-c_2\left(c_4c_5c_6-s_4s_6\right)+s_2s_5s_6\,\right]-s_1\left(-s_4c_5c_6+c_4s_6\right) \\
o_Y=s_1\left[\,c_2\left(c_4c_5c_6-s_4s_6\right)-s_2s_5s_6\,\right]+c_1\left(s_4c_5c_6+c_4s_6\right) \\
o_Z=s_2\left(c_4c_5c_6-s_4c_6\right)+c_2s_5c_6 \\
a_X=c_1\left(c_2c_4c_5+s_2c_5\right)-s_1s_4s_5 \\
a_Y=s_1\left(c_2c_4c_5+s_2c_5\right)+c_1s_4s_5 \\
a_Z=-s_2c_4c_5+c_2s_5 \\
P_X=c_1\left[\,c_2c_4s_5H-s_2\left(c_5H-d_3\right)\,\right]-s_1\left(s_4s_5H+d_2\right) \\
P_Y=s_1\left[\,c_2c_4s_5H-s_2\left(c_5H-d_3\right)\,\right]+c_1\left(s_4s_5H+d_2\right) \\
P_Z=-\left[\,s_2c_4s_5H+c_2\left(c_5H-d_3\right)\,\right]
\end{cases}
$$

假设斯坦福机器人的起始位置为零位，斯坦福机器人手部及各杆件状态如图 2-19 所示。现已知关节变量为 $\theta_1=90°$，$\theta_2=90°$，$d_3=300\text{mm}$，$\theta_4=90°$，$\theta_5=90°$，$\theta_6=90°$；机器人的结构参数为 $d_2=100\text{mm}$，$H=50\text{mm}$。假设 $H=0$，则 $n$、$o$、$a$ 三个方向矢量不变，而位置矢量的分量 $P_X$、$P_Y$、$P_Z$ 分别为

$$P_X = c_1 s_2 d_3 - s_1 d_2$$
$$P_Y = s_1 s_2 d_3 + c_1 d_2$$
$$P_Z = c_2 d_3$$

表 2-1　斯坦福机器人各连杆参数

| 杆件号 | 关节转角 | 扭角 | 杆长 | 距离 |
|---|---|---|---|---|
| 1 | $\theta_1$ | -90° | 0 | 0 |
| 2 | $\theta_2$ | 90° | 0 | $d_2$ |
| 3 | $\theta_3$ | 0° | 0 | $d_3$ |
| 4 | $\theta_4$ | -90° | 0 | 0 |
| 5 | $\theta_5$ | 90° | 0 | 0 |
| 6 | $\theta_6$ | 0° | 0 | $H$ |

代入已知参数值和变量值，求得数值解为

$$T_6 = \begin{bmatrix} 0 & 0 & -1 & -150 \\ 0 & 1 & 0 & 300 \\ 1 & 0 & 0 & 0 \\ 0 & 0 & 0 & 1 \end{bmatrix}$$

该 4×4 矩阵即为斯坦福机器人在题目给定情况下手部的位姿矩阵，即运动学正解。

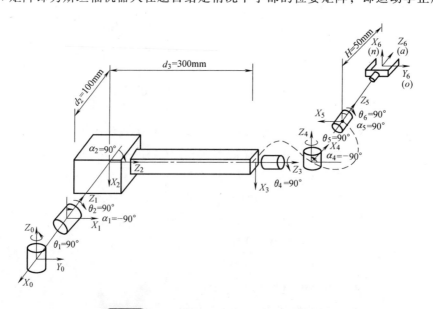

图 2-19　斯坦福机器人手部及各杆件状态

【例 2-8】 以 6 自由度斯坦福机器人为例，其连杆坐标系如图 2-20 所示。

**解** 设坐标系 {6} 与坐标系 {5} 原点重合，其运动学方程为

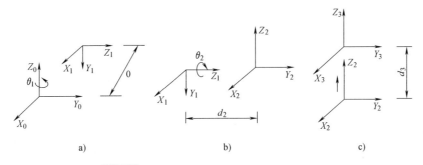

图 2-20 6自由度斯坦福机器人连杆坐标系

$$T_6 = A_1 A_2 A_3 A_4 A_5 A_6 = \begin{bmatrix} n_X & o_X & a_X & P_X \\ n_Y & o_Y & a_Y & P_Y \\ n_Z & o_Z & a_Z & P_Z \\ 0 & 0 & 0 & 1 \end{bmatrix}$$

现给出 $T_6$ 矩阵及各杆参数 $a$、$\alpha$、$d$，求关节变量 $\theta_1 \sim \theta_6$，其中 $\theta_3 = d_3$，$A_1$ 为坐标系 $\{1\}$，相对于固定坐标系 $\{O\}$ 的 $Z_0$ 轴旋转 $\theta_1$，然后绕自身坐标系 $X_1$ 轴做 $\alpha_1$ 的旋转变换，$\alpha_1 = 90°$，所以

$$A_1 = \text{Rot}(Z_0, \theta) \text{Rot}(X_1, \alpha_1) = \begin{bmatrix} \cos\theta_1 & 0 & -\sin\theta_1 & 0 \\ \sin\theta_1 & 0 & \cos\theta_1 & 0 \\ 0 & -1 & 0 & 0 \\ 0 & 0 & 0 & 1 \end{bmatrix}$$

只要列出 $A_i^{-1}$ 在式 $T_6$ 两边分别左乘运动学方程，即可得

$$A_i^{-1} T_6 = A_2 A_3 A_4 A_5 A_6 = T_6^1$$

（1）求解 $\theta_1$　根据方程 $A_i^{-1} T_6 = A_2 A_3 A_4 A_5 A_6 = T_6^1$，其左端为

$$A_i^{-1} T_6 = \begin{bmatrix} c_1 & s_1 & 0 & 0 \\ 0 & 0 & -1 & 0 \\ -s_1 & c_1 & 0 & 0 \\ 0 & 0 & 0 & 1 \end{bmatrix} \begin{bmatrix} n_X & o_X & a_X & P_X \\ n_Y & o_Y & a_Y & P_Y \\ n_Z & o_Z & a_Z & P_Z \\ 0 & 0 & 0 & 1 \end{bmatrix} = \begin{bmatrix} f_{11}(n) & f_{11}(o) & f_{11}(a) & f_{11}(P) \\ f_{12}(n) & f_{12}(o) & f_{12}(a) & f_{12}(P) \\ f_{13}(n) & f_{13}(o) & f_{13}(a) & f_{13}(P) \\ 0 & 0 & 0 & 1 \end{bmatrix}$$

式中，$f_{ij}$ 是缩写，其中

$$f_{11}(i) = c_1 i_X + s_1 i_Y$$
$$f_{12}(i) = -i_2$$
$$f_{13}(i) = -s_1 i_X + c_1 i_Y$$
$$i = n, o, a$$

因而

$$T_6^1 = A_2 A_3 A_4 A_5 A_6$$

$$= \begin{bmatrix} c(c_4 c_5 c_6 - s_4 s_6) - s_2 s_5 s_6 & -c_2(c_4 c_5 c_6 + s_4 s_6) + s_2 s_5 s_6 & c_2 c_4 s_5 + s_2 c_5 & s_2 d_3 \\ s(c_4 c_5 c_6 - s_4 s_6) + c_2 s_5 s_6 & -s_2(c_4 c_5 c_6 + s_4 s_6) - s_2 s_5 s_6 & c_2 c_4 s_5 - s_2 c_5 & -c_2 d_3 \\ s_4 c_4 c_6 & -s_4 c_5 s_6 + c_4 c_6 & s_4 s_5 & d_2 \\ 0 & 0 & 0 & 1 \end{bmatrix}$$

式中第3行、第4列元素为常数，与前式对应的元素等同起来，可得

$$f_{13}(P) = d_2$$
$$-s\theta_1 P_X + c\theta_1 P_Y = d_2$$

采用三角代 $P_X = \rho\cos\varphi$，$P_Y = \rho\sin\varphi$，式中 $\rho = \sqrt{P_X^2 + P_Y^2}$；$\varphi = \arctan\left[P_Y / P_X\right]$，进行三角代换后可得

$$\sin(\varphi - \theta_1) = \frac{d_2}{\rho}, \cos(\varphi - \theta_1) = \pm\sqrt{1 - \left(\frac{d_2}{\rho}\right)^2}$$

$$\varphi - \theta_1 = \arctan2\left[\frac{d_2}{\rho}, \pm\sqrt{1 - \left(\frac{d_2}{\rho}\right)^2}\right]$$

$$\theta_1 = \arctan2(P_Y, P_X) - \arctan2\left[d_2, \pm\sqrt{P_X + P_Y - d_2^2}\right]$$

式中，正、负号对应的两个解对应于 $\theta_1$ 的两个可能解。

（2）求解 $\theta_2$　根据前述原则，用 $A_2^{-1}$ 左乘方程式 $A_i^{-1} T_6$，得

$$A_2^{-1} A_1^{-1} T_6 = A_3 A_4 A_5 A_6$$

查找右边的元素，这些元素是各关节的函数，计算矩阵后可知，第 1 行、第 4 列和第 2 行、第 4 列是 $s\theta_2 d_3$ 的函数，因此可得

$$s\theta_2 d_3 = c\theta_1 P_X + s\theta_1 P_Y \quad -c\theta_2 d_3 = -P_Z$$

由于 $d_3$ 大于零（棱形导轨的伸展大于零），所以 $\theta_2$ 有唯一解，即

$$\theta_2 = \arctan\frac{c\theta_1 P_X + s\theta_1 P_Y}{P_Z}$$

（3）求解 $d_3$　用 $A_3^{-1}$ 左乘方程式 $A_2^{-1} A_1^{-1} T_6 = A_3 A_4 A_5 A_6$，因已经求得 $\theta_1$ 和 $\theta_2$，故 $s\theta_1$、$c\theta_1$、$s\theta_2$、$c\theta_2$ 的值为已知。令第 3 行、第 4 列元素相等，可以得到 $d_3$ 的方程式为

$$d_3 = s\theta_2(c\theta_1 P_X + s\theta_1 P_Y) + c\theta_2 P_Z$$

（4）求解 $\theta_4$　用 $A_4^{-1}$ 左乘方程式 $A_3^{-1} A_2^{-1} A_1^{-1} T_6 = A_4 A_5 A_6$，可得

$$A_4^{-1} A_3^{-1} A_2^{-1} A_1^{-1} T_6 = A_5 A_6$$

计算矩阵式，因右端第 3 行、第 3 列元素为 0，令左、右第 3 行、第 3 列元素相等，有：

$$-s\theta_4\left[c\theta_2(c\theta_1 a_X + s\theta_1 a_Y) - s\theta_2 a_Y\right] + c\theta_4(-s\theta_1 a_Y + c\theta_1 a_Y) = 0$$

故　　　　　　$$\theta_4 = \arctan2\left[-s\theta_1 a_X + c\theta_1 a_Y, c\theta_2(c\theta_1 a_X + s\theta_1 a_Y) - s\theta_2 a_Y\right]$$

（5）求解 $\theta_5$　用 $A_5^{-1}$ 左乘方程式 $A_4^{-1} A_3^{-1} A_2^{-1} A_1^{-1} T_6 = A_5 A_6$，可得

$$A_5^{-1} A_4^{-1} A_3^{-1} A_2^{-1} A_1^{-1} T_6 = A_6$$

根据左右两边对应的元素，可以得到 $s\theta_5$、$c\theta_5$ 的方程，即

$$s\theta_5 = c\theta_4\left[c\theta_2(c\theta_1 a_X + s\theta_1 a_Y) - s\theta_2 a_Y\right] + s\theta_4(-s\theta_1 a_Y + c\theta_1 a_Y)$$
$$c\theta_5 = s\theta_2(c\theta_1 a_X + s\theta_1 a_Y) + c\theta_2 a_Y$$

解得：

$$\theta_5 = \arctan2\{c\theta_4\left[c\theta_2(c\theta_1 a_X + s\theta_1 a_Y) - s\theta_2 a_Y\right] + s\theta_4(-s\theta_1 a_Y + c\theta_1 a_Y),$$
$$s\theta_2(c\theta_1 a_X + s\theta_1 a_Y) + c\theta_2 a_Y\}$$

（6）求解 $\theta_6$　根据 $A_5^{-1} A_4^{-1} A_3^{-1} A_2^{-1} A_1^{-1} T_6 = A_6$ 左右两边对应的元素，可以得到 $s\theta_6$、$c\theta_6$ 的表达式为

$$s\theta_6 = -c\theta_5\{\left[c\theta_4\left[c\theta_2(c\theta_1 o_X + s\theta_1 o_Y) - s\theta_2 o_Y\right] + s\theta_4(-s\theta_1 o_X + c\theta_1 o_Y)\} + s\theta_5\left[s\theta_2(c\theta_1 o_X + s\theta_1 o_Y) + c\theta_2 o_Y\right]$$
$$c\theta_6 = -s\theta_4\left[c\theta_2(c\theta_1 o_X + s\theta_1 o_Y) - s\theta_2 o_Y\right] + c\theta_4(-s\theta_1 o_X + c\theta_1 o_Y)$$

故　　　　　　　　　　　$$\theta_6 = \arctan\left[s\theta_6 / c\theta_6\right]$$

## 第五节　机器人动力学

在稳定状态下，机器人运动学分析只限于静态位置问题的讨论，未涉及机器人运动的力、

速度、加速度等动态过程。实际上，机器人是一个复杂的动力学系统，机器人系统在外载荷和关节驱动力矩（驱动力）的作用下将取得静力平衡，在关节驱动力矩（驱动力）的作用下将发生运动变化。机器人的动态性能不仅与运动因素有关，还与机器人的结构形式、质量分布、执行机构的位置、传动装置等对动力学产生重要影响的因素有关。

机器人动力学主要研究机器人运动与受力之间的关系，目的是对机器人进行控制、优化设计和仿真。机器人动力学主要解决动力学正问题和逆问题两类问题。动力学正问题是根据各关节的驱动力（力矩），求解机器人的运动（关节位移、速度和加速度），主要用于机器人的仿真；动力学逆问题是已知机器人关节的位移、速度和加速度，求解所需要的关节力（力矩），是进行实时控制的需要。

首先介绍与机器人速度和静力有关的雅可比矩阵，在机器人雅可比矩阵分析的基础上进行机器人的静力分析，讨论动力学的基本问题，对机器人的动态特征进行简要论述，以便为机器人编程与控制等打下基础。

## 一、机器人雅克比矩阵

机器人雅克比矩阵（简称雅克比）揭示了操作空间与关节空间的映射关系。雅克比不仅表示操作空间与关节空间的速度映射关系，也表示两者之间力的传递关系，为确定机器人的静态关节力矩以及不同坐标系间的速度、加速度和静力的变换提供了便捷的方法。

### 1. 机器人速度雅克比矩阵

在数学上，雅克比矩阵是一个多元函数的偏导矩阵。假设有 6 个函数，每个函数有 6 个变量，即

$$
\begin{aligned}
Y_1 &= f_1(X_1, X_2, X_3, X_4, X_5, X_6) \\
Y_2 &= f_2(X_1, X_2, X_3, X_4, X_5, X_6) \\
&\vdots \\
Y_6 &= f_6(X_1, X_2, X_3, X_4, X_5, X_6)
\end{aligned}
\tag{2-26}
$$

可简写成 $Y = F(X)$

将其微分得

$$
\begin{aligned}
\mathrm{d}Y_1 &= \frac{\partial F_1}{\partial X_1}\mathrm{d}X_1 + \frac{\partial F_1}{\partial X_2}\mathrm{d}X_2 + \cdots + \frac{\partial F_1}{\partial X_6}\mathrm{d}X_6 \\
\mathrm{d}Y_2 &= \frac{\partial F_2}{\partial X_1}\mathrm{d}X_1 + \frac{\partial F_2}{\partial X_2}\mathrm{d}X_2 + \cdots + \frac{\partial F_2}{\partial X_6}\mathrm{d}X_6 \\
&\vdots \\
\mathrm{d}Y_6 &= \frac{\partial F_6}{\partial X_1}\mathrm{d}X_1 + \frac{\partial F_6}{\partial X_2}\mathrm{d}X_2 + \cdots + \frac{\partial F_6}{\partial X_6}\mathrm{d}X_6
\end{aligned}
\tag{2-27}
$$

可简写成 $\mathrm{d}Y = \dfrac{\partial F}{\partial X}\mathrm{d}X$

式中，$6\times6$ 矩阵 $\dfrac{\partial F}{\partial X}$ 称为雅克比矩阵。

机器人学中，雅克比是一个把关节速度矢量 $\dot{q}$ 变换手爪相对基坐标的广义速度矢量 $v$ 的变换矩阵。

推而广之，对于 $n$ 自由度机器人，关节变量可用广义关节变量 $q$ 表示，$q = [q_1, q_2 \cdots q_n]^{\mathrm{T}}$，当关节为转动关节时 $q_i = \theta_i$；当关节为移动关节时，$q_i = d_i$，$\mathrm{d}q = [\mathrm{d}q_1, \mathrm{d}q_2, \cdots, \mathrm{d}q_n]^{\mathrm{T}}$，反映了空间的微小运动。机器人末端在操作空间的位置和方位可用末端的手爪的位姿 $X$ 表示，它是

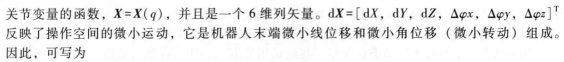

关节变量的函数，$X = X(q)$，并且是一个 6 维列矢量。$dX = [dX,\ dY,\ dZ,\ \Delta\varphi x,\ \Delta\varphi y,\ \Delta\varphi z]^T$ 反映了操作空间的微小运动，它是机器人末端微小线位移和微小角位移（微小转动）组成。因此，可写为

$$dX = J(q)dq \qquad\qquad (2-28)$$

式中，$J(q)$ 是 $6 \times n$ 维偏导数矩阵，称为 $n$ 自由度机器人速度雅克比。

【例 2-9】 图 2-21 所示为二自由度平面关节型机器人（2R 机器人），端点位置 $X$、$Y$ 与关节 $\theta_1$、$\theta_2$ 的关系为

$$\begin{aligned} X &= l_1 c\theta_1 + l_2 c_{12} \\ Y &= l_1 s\theta_1 + l_2 s_{12} \end{aligned} \quad \text{即} \quad \begin{aligned} X &= X(\theta_1,\theta_2) \\ Y &= Y(\theta_1,\theta_2) \end{aligned}$$

将其微分得

$$\begin{cases} dX = \dfrac{\partial X}{\partial \theta_1}d\theta_1 + \dfrac{\partial X}{\partial \theta_2}d\theta_2 \\[3mm] dY = \dfrac{\partial Y}{\partial \theta_1}d\theta_1 + \dfrac{\partial Y}{\partial \theta_2}d\theta_2 \end{cases}$$

将其写出矩阵形式为

$$\begin{bmatrix} dX \\ dY \end{bmatrix} = \begin{bmatrix} \dfrac{\partial X}{\partial \theta_1} & \dfrac{\partial X}{\partial \theta_2} \\[3mm] \dfrac{\partial Y}{\partial \theta_1} & \dfrac{\partial Y}{\partial \theta_2} \end{bmatrix} \begin{bmatrix} d\theta_1 \\ d\theta_2 \end{bmatrix}$$

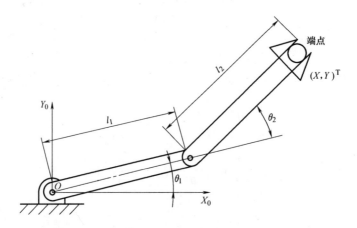

图 2-21 二自由度平面关节型机器人（2R 机器人）简图

$$\text{令 } J = \begin{bmatrix} \dfrac{\partial X}{\partial \theta_1} & \dfrac{\partial X}{\partial \theta_2} \\[3mm] \dfrac{\partial Y}{\partial \theta_1} & \dfrac{\partial Y}{\partial \theta_2} \end{bmatrix}$$

于是可简写成 $dX = Jd\theta$

式中 $J$ 称为 2R 机器人的速度雅克比，它反映了关节空间微小运动 $d\theta$ 与手部作业空间微小位移 $dX$ 的关系。

若对式进行运算，则图 2-21 所示 2R 机器人的雅克比可写为

$$J = \begin{bmatrix} -l_1 s\theta_1 - l_2 s_{12} & -l_2 s_{12} \\ l_1 c\theta_1 + l_2 c_{12} & l_2 c_{12} \end{bmatrix}$$

从元素的组成可见，$J$ 阵的值是关于 $\theta_1$、$\theta_2$ 的函数。

**2. 机器人速度分析**

利用机器人速度雅克比矩阵对机器人进行速度分析，对式（2-28）左右两边各除以 d$t$ 得：

$$\frac{\mathrm{d}X}{\mathrm{d}t} = J(q)\frac{\mathrm{d}q}{\mathrm{d}t} \tag{2-29}$$

或表示为

$$v = \dot{X} = J(q)\dot{q} \tag{2-30}$$

式中 $v$——机器人末端在操作空间中的广义速度；

$\dot{q}$——机器人关节在关节空间中的关节速度；

$J(q)$——确定关节空间速度 $\dot{q}$ 与操作速度 $v$ 之间关系的雅克比矩阵。

【例 2-10】 图 2-22 所示为二自由度机械手，手部沿固定坐标系 $X_0$ 轴正向以 1.0m/s 的速度移动，杆长 $l_1 = l_2 = 0.5\text{m}$。假设在某瞬间 $\theta_1 = 30°$，$\theta_2 = 60°$，求相应瞬时的关节速度。

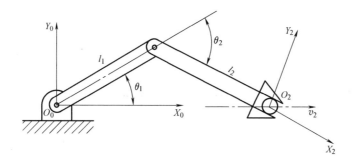

图 2-22 二自由度机械手手爪沿 $X_0$ 方向运动示意图

**解** 二自由度机械手速度雅可比为

$$J = \begin{bmatrix} -l_1 s\theta_1 - l_2 s_{12} & -l_2 s_{12} \\ l_1 c\theta_1 + l_2 c_{12} & l_2 c_{12} \end{bmatrix}$$

因此，逆雅可比为

$$J^{-1} = \frac{1}{l_1 l_2 s\theta_2} \begin{bmatrix} l_2 c_{12} & l_2 s_{12} \\ -l_1 c\theta_1 - l_2 c_{12} & -l_1 s\theta_1 - l_2 s_{12} \end{bmatrix}$$

由逆雅可比公式可知，$\dot{\theta} = J^{-1}v$ 且 $v = [1,\ 0]^{\mathrm{T}}$，即 $v = [1,\ 0]^{\mathrm{T}}$，因此

$$\begin{bmatrix} \dot{\theta}_1 \\ \dot{\theta}_2 \end{bmatrix} = \frac{1}{l_1 l_2 s\theta_2} \begin{bmatrix} l_2 c_{12} & l_2 s_{12} \\ -l_1 c\theta_1 - l_2 c_{12} & -l_1 s\theta_1 - l_2 s_{12} \end{bmatrix} \begin{bmatrix} 1 \\ 0 \end{bmatrix}$$

$$\dot{\theta}_1 = \frac{c_{12}}{l_1 s\theta_2} = -\frac{1}{0.5}\text{rad/s} = -2\text{rad/s}$$

$$\dot{\theta}_2 = \frac{c\theta_1}{l_1 s\theta_2} - \frac{c_{12}}{l_1 s\theta_2} = 4\text{rad/s}$$

因此，在该瞬时两关节的位置分别为 $\theta_1 = 30°$，$\theta_2 = -60°$；速度分别为 $\dot{\theta}_1 = -2\text{rad/s}$，$\dot{\theta}_2 = 4\text{rad/s}$；手部瞬时速度为 1m/s。

## 二、机器人力雅克比矩阵与静力计算

机器人作业时与外界环境的接触会在机器人与环境之间引起相互作用力和力矩。机器人各关节的驱动装置提供关节力或力矩，通过连杆传递到末端操作器，克服外界作用力和力矩。各关节的驱动力或力矩与末端操作器施加的力（广义力包括力和力矩）之间的关系，是机器人操作臂力控制的基础。

本节讨论操作臂在静力状态下力的平衡关系。假定各关节"锁住"，机器人称为一个结构。这种"锁定用"的关节力矩与手部所支持的载荷或受到外界环境作用的力取得静力平衡。求解这种"锁定用"的关节力矩，或求解在已知驱动力矩作用下手部的输出力就是对机器人操作臂的静力计算。

### 1. 机器人力雅克比矩阵

假定关节无摩擦，并忽略各杆件的重力，则广义关节力矩 $\tau$ 与机器人手部端点力 $F$ 的关系可表示为

$$\tau = J^T F \tag{2-31}$$

式中　$\tau$——广义关节力矩；

$F$——机器人手部端点力；

$J^T$——$n\times6$ 机器人力雅克比矩阵或力雅克比，并且是机器人速度雅克比 $J$ 的转置矩阵。

式（2-31）可用虚功原理加以证明。

### 2. 机器人静力计算

从操作臂手部端点力 $F$ 与广义关节力矩 $\tau$ 之间的关系可知，操作臂静力计算可分为两类问题。

第一类问题是，已知外界环境对机器人手部的作用力 $F$，即手部端点力 $F-F'$，利用式（2-31）求相应满足静力条件的关节驱动力矩 $\tau$。

已知关节驱动力矩 $\tau$，确定机器人手部对外界环境的作用力和负载的质量。

第二类问题是第一类问题的逆解。逆解的关系式为

$$F = (J^T)^{-1} \tau \tag{2-32}$$

当机器人的自由度不是 6 时，例如 $n>6$ 时，力雅克比矩阵就不是方阵，则 $J^T$ 就没有逆解。所以，对第二类问题的求解就困难得多，一般情况不一定能得到唯一的解。如果 $F$ 的维数比 $\tau$ 的维数低，且 $J$ 满秩，则可利用最小二乘法求得 $F$ 的估计值。

【例 2-11】　图 2-23 所示为一个二自由度平面关节机械手，已知手部端点力 $F = [F_X, F_Y]^T$，忽略摩擦，求 $\theta_1 = 0°$，$\theta_2 = 90°$时的关节力矩 $\tau$。

**解**　该机械手的速度雅克比为

$$J = \begin{bmatrix} -l_1 s\theta_1 - l_2 s_{12} & -l_2 s_{12} \\ l_1 c\theta_1 + l_2 c_{12} & l_2 c_{12} \end{bmatrix}$$

则该机械手的力雅克比为

$$J = \begin{bmatrix} -l_1 s\theta_1 - l_2 s_{12} & l_1 c\theta_1 + l_2 c_{12} \\ -l_2 s_{12} & l_2 c_{12} \end{bmatrix}$$

根据 $\tau = J^T F$ 得

$$\tau = \begin{bmatrix} \tau_1 \\ \tau_2 \end{bmatrix} = \begin{bmatrix} -l_1 s\theta_1 - l_2 s_{12} & l_1 c\theta_1 + l_2 c_{12} \\ -l_2 s_{12} & l_2 c_{12} \end{bmatrix} \begin{bmatrix} F_X \\ F_Y \end{bmatrix}$$

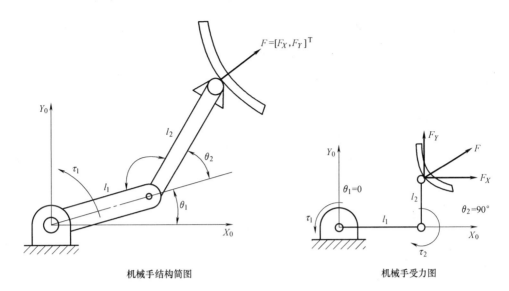

机械手结构简图　　　　　　　　　　　机械手受力图

**图 2-23**　手部端点力与关节力矩

所以
$$\tau_1 = -(l_1 s\theta_1 + l_2 s_{12})F_X + (l_1 c\theta_1 + l_2 c_{12})F_Y$$
$$\tau_2 = -l_2 s_{12} F_X + l_2 c_{12} F_Y$$

在某一瞬时，即 $\theta_1 = 0°$，$\theta_2 = 90°$时，与手部端点力相应的关节力矩为
$$\tau_1 = -l_2 F_X + l_1 F_Y \quad \tau_2 = -l_2 F_X$$

### 三、机器人动力学分析

机器人是一个非线性的复杂的动力学系统。动力学问题的求解比较困难，而且需要较长的运算时间。因此，简化求解过程，最大限度地减少机器人动力学在线计算的时间，已是一个受到关注的研究课题。

动力学研究物体的运动和作用力之间的关系。机器人动力学问题有两类。

一类是给出已知轨迹点的 $\theta$、$\dot{\theta}$ 及 $\ddot{\theta}$，即机器人的关节位置、速度和加速度，求相应的关节力矩矢量（对机器人动态控制）。

另一类是已知关节驱动力矩，求机器人系统相应的各瞬时运动。也就是说，给出关节力矩矢量 $\tau$，求机器人所产生运动 $\theta$、$\dot{\theta}$ 及 $\ddot{\theta}$（模拟机器人运动）。

机器人动力学的研究有牛顿-欧拉（Newton-Euler）法、拉格朗日（Langrange）法、高斯（Gauss）法、凯恩（Kane）法及罗伯逊-魏登堡（Roberon-Wittenburg）法等。

下面介绍动力学研究常用的牛顿-欧拉方程和拉格朗日方程。

#### 1. 欧拉方程

欧拉方程又称为牛顿-欧拉方程，应用欧拉方程建立机器人机构的动力学方程式时，研究构建质心的运动使用牛顿方程，研究相对于构建质心的转动使用欧拉方程。欧拉方程表征了力、力矩、惯性张量和加速度之间的关系。

质量为 $m$、质心在 $C$ 点的刚体，作用在其质心的力 $F$ 的大小与质心加速度 $a_C$ 的关系为
$$F = m a_C \tag{2-33}$$
式中 $F$、$a_C$ 为三维矢量。式（2-33）称为牛顿方程。

欲使刚体得到角速度为 $\omega$、角加速度为 $\varepsilon$ 的转动，则作用在刚体上的力矩 $M$ 的大小为
$$M = {}^C I \varepsilon + \omega \times {}^C I \omega \tag{2-34}$$

式中 $M$、$\varepsilon$、$\omega$ 均为三维矢量；$^{C}I$ 为刚体相对于原点通过质心 $C$ 并与刚体固结的刚体坐标系的惯性张量。式（2-34）即为欧拉方程。

在三维空间运动的任一刚体，其惯性张量 $^{C}I$ 可用质量惯性矩 $I_{XX}$、$I_{YY}$、$I_{ZZ}$ 和惯性积 $I_{XY}$、$I_{YZ}$、$I_{ZX}$ 为元素的 3×3 阶矩或 4×4 阶齐次坐标矩阵来表示。通常将描述惯性张量的参考坐标系固定在刚体上，以便于进行刚体运动的分析。这种坐标系称为刚体坐标系（简称体坐标系）。

### 2. 拉格朗日方程

拉格朗日法不仅能以最简单的形式求得非常复杂的系统动力学方程，而且具有显示结构，物理意义明确，对理解机器人动力学比较方便等优点。

首先，定义拉格朗日函数 $L$ 是一个机械系统的动能 $E_K$ 和势能 $E_P$ 之差，即

$$L = E_K - E_P \tag{2-35}$$

由于机械系统的动能 $E_K$ 是广义关节变量 $q_i$ 和 $\dot{q}_i$ 的函数，因此，拉格朗日函数 $L$ 也是 $q_i$ 和 $\dot{q}_i$ 的函数。

机器人系统的拉格朗日方程为

$$F_i = \frac{\mathrm{d}}{\mathrm{d}t}\frac{\partial L}{\partial \dot{q}_i} - \frac{\partial L}{\partial q_i}(i=1,2,\cdots,n)$$

其中，$F_i$ 是广义关节驱动力（对于移动关节是驱动力，对于转动关节是驱动力矩）。

用拉格朗日法建立的机器人动力学方程的步骤如下所述。

1）选取坐标系，选定独立的广义关节变量 $q_i$，$i=1$，2，$\cdots$，$n$。

2）选定相应的广义力 $F_i$；

3）求出各构件的动能和势能，构造拉格朗日函数；

4）代入拉格朗日方程求得机器人系统的动力学方程。

### 3. 关节空间的动力学

关节空间即 $n$ 个自由度操作臂末端位姿 $X$ 是由 $n$ 个关节变量决定的，这种 $n$ 个关节变量叫作 $n$ 维关节变量 $q$，$q$ 所构成的空间称为关节空间。

操作空间即末端操作器的作业是在直角坐标空间进行的，位姿 $X$ 是在直角坐标空间中描述的，这个空间叫作操作空间。关节空间动力学方程为

$$\tau = D(q)\ddot{q} + H(q,\dot{q}) + G(q) \tag{2-36}$$

其中，$\tau = \begin{bmatrix} \tau_1 \\ \tau_2 \end{bmatrix}$，$q = \begin{bmatrix} \theta_1 \\ \theta_2 \end{bmatrix}$，$\dot{q} = \begin{bmatrix} \dot{\theta}_1 \\ \dot{\theta}_2 \end{bmatrix}$，$\ddot{q} = \begin{bmatrix} \ddot{\theta}_1 \\ \ddot{\theta}_2 \end{bmatrix}$

对于 $n$ 个关节的操作臂，$D(q)$ 是 $n \times n$ 的正定对称矩阵，是 $q$ 的函数，称为操作臂的惯性矩阵；$H(q,\dot{q})$ 是 $n \times 1$ 的离心力和科氏力矢量，$G(q)$ 是 $n \times 1$ 的重力矢量，与操作臂的形位 $q$ 有关。

式（2-37）就是操作臂在关节空间的动力学方程的一般形式，它反映了关节力矩与关节变量、速度、加速度之间的函数关系。

与关节空间动力学方程相对应，在笛卡尔操作空间中可以用直角坐标变量即末端操作器位姿的矢量 $X$ 表示机器人动力学方程。因此，操作力 $F$ 与末端加速度 $X$ 之间的关系可以表达为

$$F = M_X(q)\ddot{X} + U_X(q,\dot{q}) + G_X(q) \tag{2-37}$$

式中，$M_X(q)\ddot{X}$、$U_X(q,\dot{q})$、$G_X(q)$ 分别为操作空间惯性矩阵、离心力和科氏矢量、重力矢量，它们都是在操作空间中加以表示的；$F$ 是广义操作力矢量。

关节空间动力学方程和操作空间动力学方程之间的对应关系可以通过广义操作力 $F$ 与广

义关节力 $\tau$ 之间的关系为

$$\tau = J^{\mathrm{T}}q(F)\qquad(2\text{-}38)$$

和操作空间与关节空间之间的速度、加速度关系可用式（2-39）求出，即

$$\dot{X} = J(q)\dot{q}$$
$$\ddot{X} = J(q)\ddot{q} + \dot{J}(q)\dot{q}\qquad(2\text{-}39)$$

### 4. 机器人的动态特性

机器人末端操作器能否以给定的速度准确地接近目标，其快速、准确地停在目标点的程度以及对给定停止位置的超调量等都取决于机器人的动态特性。机器人臂部与行走机构的结构、传动部件的精度、运动学和动力学计算机运算程序的质量等决定了机器人的动态特性。机器人的动态特性通常用空间分辨率、精度、重复定位精度等来描述。

# 第三章

# 机器人机械设计基础

机器人技术是利用计算机的记忆功能、编程功能来控制操作机自动完成工业生产中某一类指定任务的高新技术，是当今各国竞相发展的技术内容之一。它是综合了当代机构运动学与动力学、精密机械设计发展起来的产物，是典型的机电一体化产品。工业机器人由操作机和控制器两大部分组成。操作机按计算机指令运动，可实现无人操作；控制器中计算机程序可依加工对象不同而重新设计，从而满足柔性生产的需要。

机器人应用领域广泛，包括建筑、医疗、采矿、核能、农牧渔业、航空航天、水下作业、救火、环境卫生、教育、娱乐、办公、家用和军用等方面，工业机器人在国内主要应用于危险、有毒、有害的工作环境以及产品质量要求高（超洁、同一性）的重复性作业场合，如焊接、喷涂、上下料、插件、防爆等。图3-1所示为 IRB 120 机器人。

IRB 120 机器人是 ABB 机器人部 2009 年 9 月推出的最小机器人和速度最快的六轴机器人，是由 ABB（中国）机器人研发团队首次自主研发的一款新型机器人。

图 3-1　IRB 120 机器人

## 第一节　机器人的总体设计

机器人总体设计的主要内容有：确定基本参数，选择运动方式、手臂配置形式、位置检测、驱动和控制方式等。在进行结构设计的同时，还要对各部件的强度、刚度进行必要的验算。

### 一、机器人总体设计

#### 1. 系统分析

机器人是实现生产过程自动化、提高劳动生产率的有力工具。首先确定使用机器人是否需要与合适，决定采用后需要做如下分析工作。

1）明确采用机器人的目的和任务。

2）分析机器人所在系统的工作环境，包括设备兼容性等。

3）认真分析系统的工作要求，确定机器人的基本功能和方案。如机器人的自由度数、信息的存储容量、定位精度和抓取重量等。

4）进行必要的调查研究，搜集国内外有关技术资料。

### 2. 技术设计

1）机器人基本参数的确定，如臂力、工作节拍、工作范围、运动速度及定位精度等。

以定位精度的确定为例，机器人或机器手的定位精度是根据使用要求确定的，而机器人或机器手本身所能达到的定位精度取决于定位方式、运动速度、控制方式、臂部刚性、驱动方式和缓冲方式等。另外，由于采用的工艺过程不同，对机器人或机器手重复定位精度的要求也不同，不同工艺过程所要求的定位精度见表3-1。

表 3-1 工业机器人的定位精度

| 工艺过程 | 定位精度 | 工艺过程 | 定位精度 |
|---|---|---|---|
| 金属切削机床上下料 | $\pm(0.05 \sim 1.00)$ mm | 冲床上下料 | $\pm 1$ mm |
| 模锻 | $\pm(0.1 \sim 2.0)$ mm | 点焊 | $\pm 1$ mm |
| 装配、测量 | $\pm(0.01 \sim 0.50)$ mm | 喷涂 | $\pm 3$ mm |

当机器人或机器手本身所能达到的定位精度有困难时，可采用辅助工夹具协助定位的方法，即机器人实现粗定位、工夹具实现精定位。

2）机器人运动形式的选择。常见机器人的运动形式有：直角坐标系、圆柱坐标系、极坐标系、关节型和 SCARA（平面关节型）型，如图3-2所示。

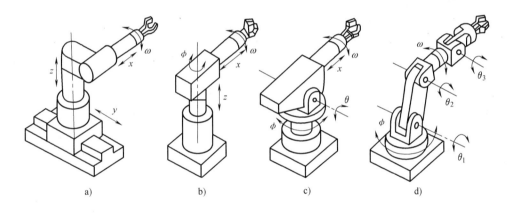

**图 3-2** 常见机器人运动形式

a）直角坐标系 b）圆柱坐标系 c）极坐标系 d）关节型

3）拟定检测传感系统框图。选择合适的传感器，以便进行结构设计时考虑安装位置。

4）确定控制系统总体方案，绘制框图。

5）机械结构设计。确定驱动方式，选择运动部件和设计具体结构，绘制机器人总装图及主要部件零件图。

### 3. 仿真分析

1）运动学计算：分析是否达到要求的速度、加速度和位置。

2）动力学计算：计算关节驱动力的大小，分析驱动装置是否满足要求。

3）运动的动态仿真：将每一位姿用三维图形连续显示出来，实现机器人的运动仿真。

4）性能分析：建立机器人数学模型，对机器人动态性能进行仿真计算。

5）方案和参数修改：运用仿真分析的结果对所设计的方案、结构、尺寸和参数进行修改与完善。

## 二、机器人机械系统设计

机器人机械系统设计是机器人设计的重要部分。其他系统的设计尽管有各自的独立性，但都必须与机械系统相匹配，相辅相成，构成一个完整的机器人系统。

### 1. 主体结构设计

主体结构设计的主要问题是：选择由连杆件和运动副组成的坐标形式。

（1）直角坐标型机器人  主要用于生产设备的上下料，也可用于高精度的装配和检测作业，大约占工业机器人总数的 14%。

手臂能垂直上下移动（$Z$ 方向运动），并可沿滑架和横梁上的导轨进行水平面内二维移动（$X$、$Y$ 方向运动），如图 3-3 所示。主体结构有 3 个自由度，手腕自由度的数量视用途而定。

直角坐标型机器人是指以单维直线运动单位为基础，搭建出空间多自由度、多方向的运动机构，通常采用伺服驱动，可实现空间各方向直线运动的插补联动及配合运动。

直角坐标型机器人用于大型多工序生产现场的各环节自动化衔接的物流设备、搬运码垛设备（如食品行业、化妆品行业、电子设备、各种零部件）、涂料设备、点胶设备、无损检测设备、视觉检测设备、贴标设备、激光加工行业、焊接设备、跟踪模拟设备（军工）以及一些军品制造和防爆场合。图 3-4 所示为施耐德 pas42 系列直角坐标型机器人。

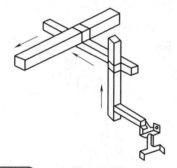

图 3-3  直角坐标型机器人运动形式

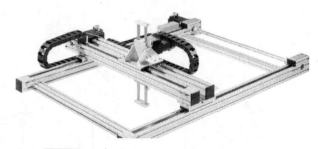

图 3-4  施耐德 pas42 系列直角坐标型机器人

（2）圆柱坐标型机器人  它的主体结构具有 3 个自由度，即腰转、升降、手臂伸缩。手腕采用 2 个自由度，绕手臂纵向轴线转动，与其垂直的水平轴线转动，如图 3-5 所示。若手腕采用 3 个自由度，则机器人自由度数目达到 6 个，但手腕上的某个自由度将与主体上的回转自由度有部分重复。此类机器人大约占工业机器人总数的 47%。

（3）关节坐标型机器人  它的主体结构的 3 个自由度腰转关节、肩关节、肘关节都是转动关节，如图 3-6 所示。手腕的 3 个自由度上的转动关节（俯仰、偏转和翻转）用来确定末端操作器的姿态，大约占工业机器人总数的 25%。

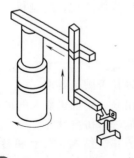

图 3-5  圆柱坐标型机器人运动形式

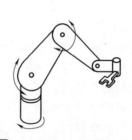

图 3-6  关节坐标型机器人运动形式

**2. 传动方式**

传动方式选择是指选择驱动源及传动装置与关节部件的连接形式和驱动形式，主要包括以下几种。

1）直接连接传动：驱动源或机械传动装置直接与关节相连。

2）远距离连接传动：驱动源通过远距离机械传动后与关节相连。

3）间接驱动：驱动源经一个速比远大于1的机械装置与关节相连。

4）直接传动：驱动源不经过中间环节或经过一个速比等于1的机械传动中间环节与关节相连。

**3. 模块化结构设计**

模块化机器人是指由一些标准化、系列化的模块件通过具有特殊功能的结合部用积木拼接方式组成的一个工业机器人系统。模块化设计是指基本模块设计和结合部设计。模块化工业机器人主要的特点是经济性和灵活性。

**4. 材料的选择**

与一般机械设备相比，机器人结构的动力特性是十分重要的，这是材料选择的出发点。材料选择的基本要求是强度高、弹性模量大、重量轻、阻尼大、材料价格低。

**5. 平衡系统设计**

工业机器人是一个多刚体耦合系统，系统的平衡性是极其重要的，在工业机器人中采用平衡系统的理由是：借助平衡系统能降低因机器人结构变化而导致重力引起关节驱动力矩变化的峰值，借助平衡系统能降低因机器人运动而导致惯性力矩引起关节驱动力矩变化的峰值，借助平衡系统能减少动力学方程中内部耦合项和非线性项并改进机器人动力特性，借助平衡系统能减小机械臂结构柔性所引起的不良影响，借助平衡系统能使机器人运行稳定并降低地面安装要求。

# 第二节 机器人传动部件设计

传动部件是驱动源和机器人各个关节进行连接的桥梁，也是工业机器人的重要部件。机器人的运动速度、加速度（减速度）特性、运动平稳性、精度、承载能力在很大程度上取决于传动部件设计的合理性和优劣。因此，关节传动部件的设计是工业机器人设计的关键之一。

## 一、移动关节导轨及转动关节轴承

### 1. 移动关节导轨

工业机器人对移动导轨的要求非常高，移动关节导轨的目的是在运动过程中保证位置精度和导向。一般情况下对移动导轨有如下要求。

1）间隙小或者能消除间隙。

2）在垂直于运动方向上的刚度高。

3）摩擦系数低且不随速度而变化。

4）高阻尼。

5）移动导轨及其辅助元件尺寸小、惯量低。

移动关节导轨主要分为普通滑动导轨、液压动压滑动导轨、液压静压滑动导轨、气浮导轨和滚动导轨。

上面介绍的导轨中，前两种具有结构简单、成本低的特点，但是必须有间隙以便润滑，但是间隙的存在又会引起坐标的变化和有效负载的变化，在低速时候容易产生爬行现象。第三种液压静压滑动导轨，其结构能产生预载荷，能完全消除间隙，具有高刚度、低摩擦、高阻尼等优点，但是它需要单独的液压系统和润滑油回收机构。第四种气浮导轨不需要润滑油回收机构，但是刚度和阻尼较低。第五种滚动导轨在工业机器人导轨中应用是最广泛的，具有如下很多的优点。

1）摩擦系数小，特别是不随速度变化。

2）尺寸小。

3）刚度高且承载能力大。

4）精度和精度保持度高。

5）润滑简单。

6）容易制造成标准件。

7）易加预载、消除间隙、增加刚度等。

但是，滚动导轨用在机器人机械系统中也存在着如下缺点。

1）阻尼低。

2）对脏物比较敏感。

**2. 转动关节轴承**

转动关节轴承主要用的是球轴承，它能承受轴向和径向载荷，摩擦系数较小，对轴和轴承座的刚度不敏感。其主要分为向心推力球轴承和四点接触球轴承。

向心推力球轴承有普通向心轴承和向心推力轴承两种，这种轴承必须成对使用，如图3-7a所示。四点接触球轴承的滚道是尖拱式半圆，球与滚道两点接触，该轴承通过两内滚道之间适当的过盈量实现预紧，如图3-7b所示。传动过程中无间隙，能承受双向轴向载荷，尺寸小，承载能力和刚度比同样大小的一般球轴承高 1.5 倍，但价格较高。

 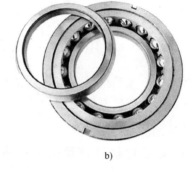

a)                                        b)

**图 3-7** **转动关节轴承**

a）推力球轴承  b）四点接触球轴承

## 二、传动件的定位及消隙

**1. 电气开关定位**

电气开关定位是利用电气开关（有触点或无触点）作为行程检测元件，当机械手运行到定位点时，行程开关发出信号用以切断动力源或接通制动器，从而使机械手获得定位。使用电气开关定位的机械手，其结构简单、工作可靠、维修方便，但由于受惯性力、油温波动和电控系统误差等因素的影响，重复定位精度比较低，一般为±3～5mm。

**2. 机械挡块定位**

机械挡块定位是在行程终点设置机械挡块，当机械手减速运动到终点时，紧靠挡块而定位，若定位前缓冲较好，定位时驱动压力未撤除，在驱动压力下将运动件压在机械挡块上，或驱动压力将活塞压靠在缸盖上就能达到较高的定位精度，最高可达±0.02mm。若定位时关闭驱动油路、去掉驱动压力，机械手运动件不能紧靠在机械挡块上，定位精度就会降低，其降低的程度与定位前的缓冲效果和机械手的结构刚性等因素有关。

### 3. 伺服定位系统定位

电气开关定位与机械挡块定位这两种定位方法只适用于两点或多点定位。而在任意点定位时，要使用伺服定位系统。伺服定位系统可以输入指令用于控制位移的变化，从而获得良好的运动特性。它不仅适用于点位控制，而且也适用于连续轨迹控制。

开环伺服定位系统没有行程检测及反馈，是一种直接用脉冲频率变化和脉冲数控制机器人速度和位移的定位方式。这种定位方式抗干扰能力差，定位精度较低。如果需要较高的定位精度（如±0.2mm），则一定要降低机器人关节轴的平均速度。

闭环伺服定位系统具有反馈环节，其抗干扰能力强，反应速度快，容易实现任意点定位。图3-8是齿条齿轮反馈式电-液闭环伺服系统框图。齿轮齿条将位移量反馈到电位器上，达到给定脉冲时，电动机及电位器触头停止运转，机械手获得准确定位。

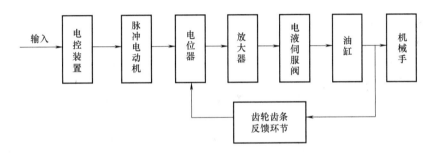

**图 3-8** 齿条齿轮反馈式电-液闭环伺服系统框图

消除传动间隙的主要途径是：提高制造和装配精度、设计可调整传动间隙的机构、设置弹性补偿零件。几种常用的传动消隙方法是：消隙齿轮（见图3-9）、柔性齿轮消隙、对称传动消隙、偏心机构消隙和齿廓弹性覆层消隙。

## 三、谐波传动

谐波传动结构简图如图3-10所示，谐波发生器旋转时，迫使柔性齿轮变为椭圆，使长轴两端附近的齿进入啮合状态，短轴附近的齿则脱开，其余不同区段上的齿处于逐渐啮入状态或逐渐啮出状态。

**图 3-9** 消隙齿轮

谐波发生器连续转动时，柔性齿轮的变形部位也随之转动，使轮齿依次进入啮合，然后又依次退出啮合，从而实现啮合传动。

这种运动的特点是：

1）伺运动精度高，间隙小，能实现较高的重复定位精度。

2）回转速度稳定，无波动，运动副键摩擦小，效率高。

3）体积小，重量轻，传动扭矩大。

常用的减速机构是行星齿轮机构（见图3-11）和谐波传动机构。

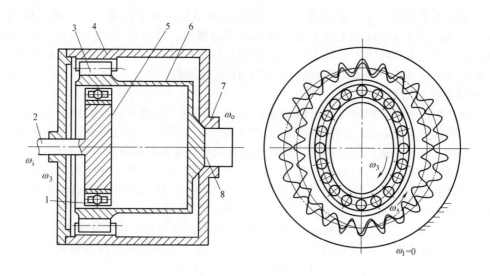

图 3-10 谐波传动结构简图

1—轴承　2—输入轴　3—柔性外齿圈　4—刚轮内齿圈
5—谐波发生器　6—柔性齿轮　7—刚性齿轮　8—输出轴

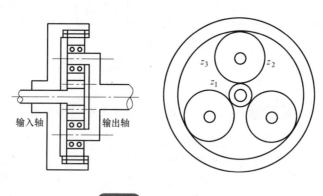

图 3-11 行星齿轮机构

## 四、丝杠螺母副和滚珠丝杠传动

丝杠螺母副传动部件是把回转运动变换为直线运动的重要传动部件。由于丝杠螺母机构是连续的面接触，使得传动中不会产生冲击，传动平稳，无噪声，并且能实现自锁。因为丝杠的螺旋升角较小，所以用较小的驱动力矩，即可获得较大的牵引力。但是，丝杠螺母的螺旋面之间的摩擦为滑动摩擦，故传动效率低。滚珠丝杠传动效率高，而且传动精度和定位精度均很高，在传动时灵敏度和平稳性亦很好；由于磨损小，使用寿命比较长，但丝杠及螺母的材料热处理和加工工艺要求很高，故成本较高，不能实现自锁。

# 第三节　机器人臂部设计

手臂部件（简称臂部）是机器人的主要执行部件，它的作用是支撑腕部和手部，并带动它们在空间运动。机器人的臂部主要包括臂杆以及与其伸缩、屈伸或自转等运动有关的构件，如传动机构、驱动装置、导向定位装置、支撑联接和位置检测元件等。此外，还有与腕部或手臂的运动和联接支撑等有关的构件、配管配线等。

## 一、工业机器人臂部设计的基本要求及形式

工业机器人臂部在设计制作时要注意以下几点。

1）刚度高。为了防止臂部在运动过程中产生过大的变形，手臂的截面形状要合理选择。工字形截面弯曲刚度一般比较大；空心管的弯曲刚度和扭转刚度都比实心轴大得多，所以常用钢管作臂杆及导向杆，用工字钢和槽钢作支撑板。

2）导向性好。为防止手臂在直线运动中沿运动轴线发生相对转动，或设置导向装置，或设计方形、花键等形式的臂杆。

3）重量轻。为提高机器人的运动速度，要尽量减小臂部运动部分的重量，以减小整个手臂对回转轴的转动惯量。

4）运动平稳且定位精度高。

5）除了臂部设计力求结构紧凑、重量轻外，还要采用一定形式的缓冲措施。

机身和臂部的配置形式基本上反映了机器人的总体布局。由于机器人的运动要求、工作对象、作业环境和场地等因素的不同，出现了各种不同的配置形式。目前常用的有如下几种形式。

（1）横梁式　机身设计成横梁式，用于悬挂手臂部件。这类机器人的运动形式大多为移动式，如图 3-12 所示。它具有占地面积小，能有效利用空间，直观便于观察等优点。横梁可设计成固定的或行走的，一般横梁安装在厂房原有建筑的柱梁或有关设备上，也可从地面架设。

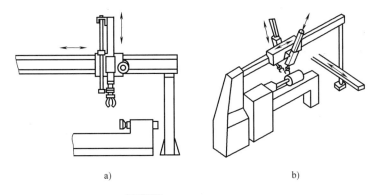

a)　　　　　　　　　　　　　　　　b)

**图 3-12** 横梁式机身结构

a）单臂悬挂式　b）双臂悬挂式

（2）立柱式　立柱式机器人多采用回转型、仰俯型或屈伸型等运动型式，是一种常见的配置形式。一般臂部都可以在水平面内回转，具有占地面积小而工作范围大的特点。立柱可固定安装在空地上，也可固定在床身上，如图 3-13 所示。立柱式机身的结构简单，服务于某种主机，可承担上料、下料或转运等工作。

（3）机座式　机身设计成机座式，这种机器人可以是独立的、自成系统的完整装置，能够随意安放和搬动，也可以具有行走机构，如沿地面上的专用轨道移动，以扩大其活动范围。各种运动形式均可设计成机座式。图 3-14 所示为常见机座式机身结构。

（4）屈伸式　屈伸式机器人的臂部由大小臂组成，大小臂间有相对运动，称为屈伸臂。屈伸臂与机身间的配置形式关系到机器人的运动轨迹，可以实现平面运动，也可以做空间运动。

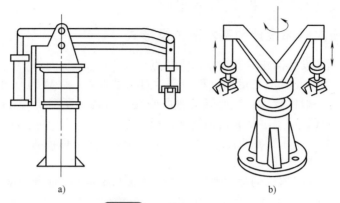

**图 3-13** 立柱式机身结构

a）单臂配置 b）双臂配置

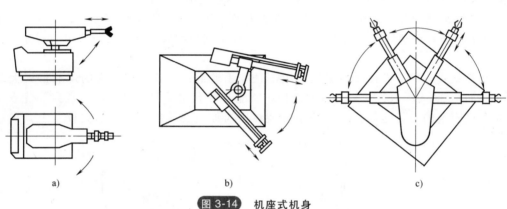

**图 3-14** 机座式机身

a）单臂回转式 b）双臂回转式 c）多臂回转式

## 二、手臂的常用结构

### 1. 手臂直线运动机构

手臂的伸缩、横向移动都属于直线运动。实现直线运动的常用机构有活塞油缸、气缸、齿轮齿条、丝杠螺母及连杆机构等。其中，活塞油缸和气缸在机器人中应用最多。

图 3-15 所示为常见的手臂直线运动机构，由电动机 7 带动蜗杆 6 使蜗轮 3 回转，蜗轮内孔有内螺纹，与丝杠 2 组成丝杠螺母运动副，带动丝杠 2 做升降运动。

### 2. 手臂回转运动机构

实现机器人手臂回转运动的常用机构：齿轮传动、同步带、活塞缸和连杆机构等。

图 3-16 所示为采用活塞缸和齿轮齿条机构实现手臂的回转运动。

活塞缸两腔分别通以液压油推动齿条活塞做往复移动，与齿条啮合的齿轮即做往复回转。由于齿轮和手臂固联，从而实现手臂的回转运动。

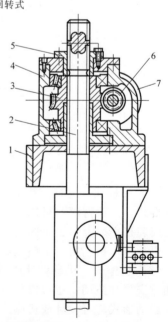

**图 3-15** 手臂直线运动机构

1—臂架 2—丝杠 3—蜗轮 4—箱体
5—花键套 6—蜗杆 7—电动机

### 3. 手臂仰俯运动机构

机器人手臂的仰俯运动一般采用活塞油（气）缸与连杆机构联用来实现，如图 3-17 所示。手臂的仰俯运动用的活塞缸位于手臂的下方，其活塞杆和手臂用铰链连接，缸体采用尾部耳环或中部销轴等方式与立柱联接，通常采用摆臂油（气）缸驱动、铰链连杆机构传动实现手臂的仰俯。

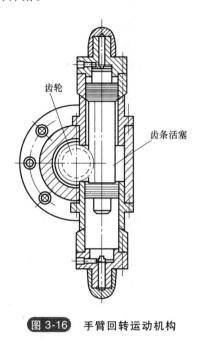

**图 3-16**　手臂回转运动机构

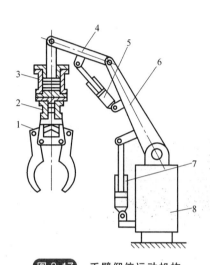

**图 3-17**　手臂仰俯运动机构

1—手部　2—夹紧缸　3—升降缸　4—小臂
5、7—摆动油缸　6—大臂　8—立柱

## 三、臂部运动驱动力的计算

计算臂部运动驱动力时，要把臂部所受的全部负荷考虑进去。机器人工作时，手臂所受负荷主要有惯性力、摩擦力和重力等。

### 1. 臂部水平伸缩运动驱动力的计算

水平运动时，首先要克服摩擦阻力，包括气缸与活塞之间的摩擦阻力及导向缸与支承滑套之间的摩擦阻力等，还要克服起动时的惯性力。

其驱动力 $F_q$ 可按下式计算

$$F_q = F_m + F_g$$

式中　$F_m$——各支承处的摩擦阻力；

　　　$F_g$——起动过程中的惯性力。

$F_g$ 大小可按下式计算

$$F_g = Ma$$

$M$ 为手臂伸缩运动部件的总质量，$a$ 为启动过程中的平均加速度，其大小可按下式计算

$$a = \Delta V / \Delta t$$

式中，$\Delta V$ 为速度增量，$\Delta t$ 为加速时间，一般为 $0.1 \sim 0.5\mathrm{s}$。

### 2. 臂部垂直升降运动驱动力的计算

其驱动力 $F_q$ 可按下式计算

$$F_g = F_m + F_g \pm W$$

式中　$W$——运动部件的总重力，向上运动取"+"，向下运动取"−"。

### 3. 臂部回转运动驱动力矩的计算

计算臂部回转运动驱动力矩时应根据起动时产生的惯性力矩与回转部件支承处的摩擦力矩来进行。驱动力矩 $M_q$ 为

$$M_q = M_m + M_g$$

式中　$M_m$——各支承处的总摩擦阻力矩；

　　　$M_g$——起动过程中的惯性力矩。

$M_g$ 大小可按下式计算

$$M_g = J\omega / \Delta t$$

式中　$J$——手臂部件对其回转轴线的总转动惯量；

　　　$\omega$——工作角速度；

　　　$\Delta t$——加速时间。

## 第四节　机器人手腕及手部设计

工业机器人的腕部是连接手部与臂部的部件，起到支承手部的作用。机器人一般具有 6 个自由度才能使手部（末端操作器）达到目标位置和处于期望的姿态，手腕上的自由度主要是实现所期望的姿态。

为了使手部能处于空间任意方向，要求腕部能实现绕空间三个坐标轴 $X$、$Y$、$Z$ 的转动，即具有翻转、仰俯和偏转三个自由度，如图 3-18 所示。

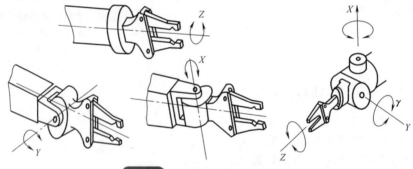

**图 3-18**　机器人手部运动自由度

通常也把手腕的翻转叫作 Roll，用 R 表示；腕的仰俯叫作 Pitch，用 P 表示，把手腕的偏转叫作 Yaw，用 Y 表示。

工业机器人的手部（Hand）也叫作末端操作器（End-effector），它是装在工业机器人手腕上直接抓握工件或执行作业的部件。人的手有两种含义：第一种含义是医学上把包括上臂、手腕在内的整体叫作手；第二种含义是把手掌和手指部分叫作手。工业机器人的手部接近于第二种含义。

工业机器人手部有以下几个特点。

（1）手部与手腕相连处可拆卸　手部与手腕有机械接口，也可能有电、气、液接头，当工业机器人作业对象不同时，可以方便地拆卸和更换手部。

（2）手都是工业机器人末端操作器　它可以像人手那样具有手指，也可以是不具备手指的手；可以是类人的手爪，也可以是进行专业作业的工具，比如装在机器人手腕上的喷漆枪、焊接工具等。

（3）手部的通用性比较差 工业机器人手部通常都是专用装置，比如：一种手爪往往只能抓握一种或几种在形状、尺寸、重量等方面相近似的工件；一种工具只能执行一种作业任务。

（4）手部是一个独立的部件 假如把手腕归属于手臂，那么工业机器人机械系统的三大件就是机身、手臂和手部（末端操作器）。手部对于整个工业机器人来说是完成作业好坏、作业柔性好坏的关键部件之一。具有复杂感知能力的智能化手爪的出现，增加了工业机器人作业的灵活性和可靠性。

有一种弹钢琴的表演机器人的手部已经与人手十分相近，具有多关节手指，一个手的自由度达到 20 余个，每个自由度都是独立驱动的。目前工业机器人手部的自由度还比较少，把具备足够驱动力量的多个驱动源和关节安装在紧凑的手部里是十分困难的。

## 一、工业机器人手腕

### 1. 按自由度数目来分类

工业机器人手腕可分为单自由度手腕（见图 3-19）、二自由度手腕、三自由度手腕。

单自由度手腕仅仅实现偏转、仰俯和翻转三个自由度中的一种，其中翻转的角度较大，可达 360°。而仰俯和偏转自由度一般受结构限制，角度较小。这和人的手腕类似，手的左右偏转角只有 55° 和 15°，手的上下仰俯角度只有 85°。

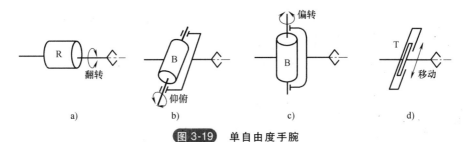

图 3-19 单自由度手腕
a) R 手腕 b）、c) B 手腕 d) T 手腕

图 3-19b、c 是一种折曲（Bend）关节，关节轴线与前后两个连接件的轴线相垂直。这种 B 关节因为受到结构上的干涉，旋转角度小，大大限制了方向角。这和图 3-20 中人的手腕差不多，即在人的手腕的两个折弯（Bend）自由度上，手的左右偏转方向角（Yaw）只有 55° 和 15°（见图 3-20a），手的上下仰俯方向角（Pitch）都只有 85°（见图 3-20b）。图 3-19d 所示为移动关节，也叫作 T 关节。

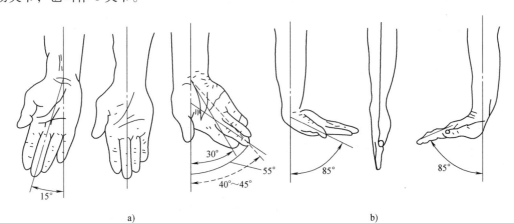

图 3-20 人类手腕的两个 B 关节

二自由度手腕可以由一个 R 关节和一个 B 关节组成 BR 手腕（见图 3-21a）；也可以由两个 B 关节组成 BB 手腕（见图 3-21b）。但是，不能由两个 R 关节组成 RR 手腕，因为两个 R 关节共轴线，所以退化了一个自由度，实际只构成了单自由度手腕（见图 3-21c）。

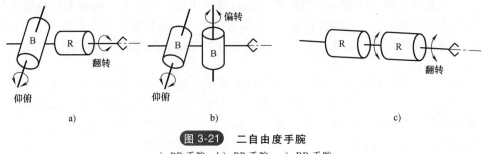

图 3-21　二自由度手腕
a）BR 手腕　b）BB 手腕　c）RR 手腕

三自由度手腕可以由 B 关节和 R 关节组成许多种形式，如图 3-22 所示。此外，B 关节和 R 关节排列的次序不同，也会产生不同的效果，也产生了其他形式的三自由度手腕。为了使手腕结构紧凑，通常把两个 B 关节安装在一个十字接头上，这对于 BBR 手腕来说大大减小了手腕纵向尺寸。

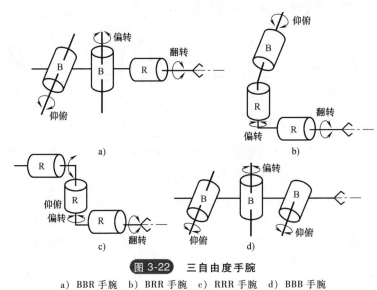

图 3-22　三自由度手腕
a）BBR 手腕　b）BRR 手腕　c）RRR 手腕　d）BBB 手腕

### 2. 按驱动方式分类

按驱动方式分类，工业机器人手腕分为直接驱动手腕和远距离传动手腕。

（1）直接驱动手腕　手腕因为安装在手臂末端，所以必须设计得十分紧凑，可以把驱动源安装在手腕上。图 3-23 所示为某公司生产的一种液压直接驱动的 BBR 手腕，$M_1$、$M_2$、$M_3$ 是液压马达，直接驱动手腕的偏转、仰俯和翻转三个自由度轴。这种直接驱动手腕的关键是能否选到尺寸小、重量轻而驱动力矩大、驱动特性好的驱动电动机或液压驱动马达。

（2）远距离传动手腕　图 3-24 所示为一种远距离传动的 RBR 手腕。Ⅲ轴的转动使整个手腕翻转，即第一个 R 关节运动。Ⅱ轴的转动使手腕获得仰俯运动，即第二个 B 关节运动。Ⅰ轴的转动即第三个 R 关节运动。当连接工作手爪后，RBR 手腕便在三个自由度轴上输出 RBR 运动。这种远距离传动的好处是可以把尺寸、重量都较大的驱动源放在远离手腕处，有时放在手臂的后端作平衡重量用，这样不仅可以减轻手腕的整体重量，而且改善了机器人整体结构的平衡性。

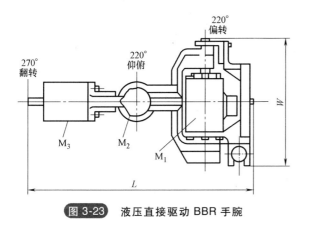

图 3-23　液压直接驱动 BBR 手腕

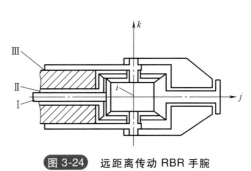

图 3-24　远距离传动 RBR 手腕

## 二、工业机器人手部

### 1. 工业机器人手部分类

（1）按用途分类　第一种叫手爪。手爪具有一定的通用性，它的主要功能是：抓住工件，握持工件，释放工件。

1）抓住——在给定的目标位置和期望姿态上抓住工件，工件在手爪内必须具有可靠的定位，保持工件与手爪之间准确的相对位置，以保证机器人后续作业的准确性。

2）握持——确保工件在搬运过程中或零件在装配过程中定义了位置和姿态的准确性。

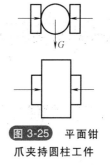

图 3-25　平面钳爪夹持圆柱工件

3）释放——在指定点上除去手爪和工件之间的约束关系。图 3-25 所示为平面钳爪夹持圆柱工件，尽管这种手爪夹紧力足够大，即在工件和手爪接触面上有足够的摩擦力来支承工件重量，但是从运动学观点来看，其约束条件是不够的，不能保证工件在手爪上的准确定位。

第二种叫工具，它是进行某种作业的专用工具，如喷漆枪、焊具等，如图 3-26 所示。

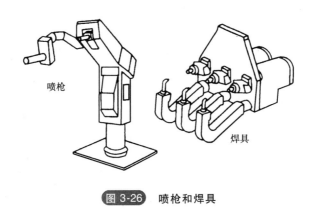

图 3-26　喷枪和焊具

（2）按夹持原理分类　图 3-27 所示为机械类、磁力类和真空类三种手爪的分类。

1）机械类手爪有靠摩擦力夹持和吊钩承重两类，前者是有指手爪，后者是无指手爪。产生夹紧力的驱动源可以有气动、液动、电动和电磁四种。

2）磁力类手爪主要是磁力吸盘，有电磁吸盘和永磁吸盘两种。

3）真空类手爪是真空式吸盘，根据形成真空的原理可分为真空吸盘、气流负压吸盘、挤气负压吸盘三种。

注意：磁力类及真空类手爪是无指手爪。

（3）按手指或吸盘数目分　机械类手爪可分为二指手爪和多指手爪。机械类手爪按手指关节分为单关节手指手爪、多关节手指手爪。吸盘类手爪按吸盘数目分为单吸盘式手爪、多吸盘式手爪。

图3-28所示为三指手爪，它的每个手指都是独立驱动的。这种三指手爪与二指手爪相比可以抓取立方体、圆柱体、球体等不同形状的物体。

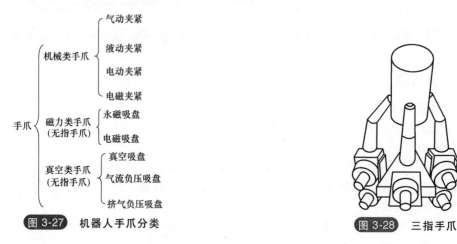

图 3-27　机器人手爪分类

图 3-28　三指手爪

（4）按智能化分类　手爪按智能化程度不同可分为两种：一种为普通式手爪，手爪不具备传感器；另一种为智能化手爪，手爪具备一种或多种传感器，如力传感器、触觉传感器、滑觉传感器等，手爪与传感器集成后构成智能化手爪（Intelligent Grippers）。

**2. 工业机器人手部设计及使用要求**

手爪设计和选用最主要的是满足功能上的要求，具体来说要从以下几方面进行调查，提出设计参数和要求。

（1）被抓握的对象物　手爪设计和选用首先要考虑的是什么样的工件要被抓握。因此，必须充分了解工件的几何参数和机械特性。其中几何参数有：工件尺寸、可能给予抓握表面的数目、可能给予抓握表面的位置和方向、夹持表面之间的距离、夹持表面的几何形状。而机械特性有：质量、材料、固有稳定性、表面质量和品质、表面状态和工件温度。

（2）物料的馈送器或存储装置　与机器人配合工作的零件馈送器或储存装置对手爪必需的最小和最大爪钳之间的距离以及必需的夹紧力都有要求，同时，还应了解其他不确定因素对手爪工作的影响。

（3）机器人作业顺序　一台机器人在齿轮箱装配作业中需要搬运齿轮和轴，并进行装配，虽然手部既可以抓握齿轮也可以夹持轴，但是，不同零件所需的夹紧力和爪钳张开距离是不同的，进行手部设计时要考虑到被夹持对象物的顺序。必要时，可采用多指手爪，以增加手部作业的柔性。

（4）手爪和机器人匹配　手爪一般用法兰式机械接口与手腕相连接，手爪自重也增加了机械臂的载荷，这两个问题必须给予仔细考虑。手爪是可以更换的，手爪形式可以不同，但是与手腕的机械接口必须相同，这就是接口匹配。手爪自重不能太大，机器人能抓取工件的重量是机器人承载能力减去手爪自重。因此，手爪自重要与机器人承载能力匹配。

（5）环境条件　作业区域内的环境状况很重要，如高温、水、油等环境会影响手爪工作。一个锻压机械手要从高温炉内取出红热的锻件坯，此时必须保证手爪的开合、驱动在高温环境中均能正常工作。

# 第五节　机器人机身及行走结构设计

人的下肢主要功能是承受体重和走路。对于静止直立时支承体重这一要求，机器人还容易做到，而在像人那样用两足交替行走时，平衡体重就存在着相当复杂的技术问题了。

首先让我们分析一下人的步行情况。走路时，人的重心是在变动的，人的重心在垂直方向上时而升高，时而下降；在水平方向上也随着左、右脚的交替而左右摆动。人的重心变动的大小是随人腿迈步的大小、速度而变化的。当重心发生变化时，若不及时调整姿势，人就会因失去平衡而跌倒。人在运动时，内耳的平衡器官能感受到变化的情况，继而通知大脑及时调动人体其他部分的肌肉运动，巧妙地保持人体的平衡。而人能在不同路面条件下（上坡、下坡、高低不平、软硬不一等）走路，是因为人能通过眼睛来观察地面的情况，最后由大脑来决策走路的方法，指挥有关肌肉的动作。因此可以看出，要使机器人能像人一样，在重心不断变化的情况下仍能稳定地步行，那是相当困难的。同简化人手功能制造机器人的上肢的方法一样，其下肢没有必要按照人的样式全盘模仿。只要能达到移动的目的，我们可以采取多种形式，用足走路是一种形式，还可以像汽车、坦克那样用车轮或履带（以滚动的方式）来移动。图 3-29 所示为常见的车轮移动式机器人。

## 一、机器人机身设计

机身一般实现升降、回转和仰俯等运动，通常有 1~3 个自由度。

根据总体设计来确定机身采用哪一种自由度形式，通常机身具有回转、升降、回转与升降、回转与仰俯、回转与升降以及仰俯等运动方式。

机身结构一般由机器人总体设计加以确定。比如，圆柱坐标型机器人把回转与升降这两个自由度归属于机身；球坐标型机器人把回转与仰俯这两个自由

图 3-29　车轮移动机器人

度归属于机身；关节坐标型机器人把回转自由度归属于机身；直角坐标型机器人有时把升降（$Z$ 轴）或水平移动（$X$ 轴）自由度归属于机身。现介绍回转与升降机身和回转与仰俯机身。

### 1. 回转与升降机身

1）回转运动采用摆动油缸驱动，升降油缸在下，回转油缸在上。因摆动油缸安置在升降活塞杆的上方，故活塞杆的尺寸要加大。

2）回转运动采用摆动油缸驱动，回转油缸在下，升降油缸在上，相比之下，回转油缸的驱动力矩要设计得大一些。

3）采用链轮传动机构。由于链条链轮传动是将链条的直线运动变为链轮的回转运动，所以它的回转角度可大于 360°。

图 3-30 所示为常见的通过链条链轮传动实现机身回转运动的工作原理。

### 2. 回转与仰俯机身

机器人手臂的仰俯运动一般采用活塞油（气）缸与连杆机构实现。手臂仰俯运动采用的活塞缸位于手臂的下方，其活塞杆和手臂用铰链连接，缸体采用尾部耳环或中部销轴等方式与立柱连接，如图 3-31 所示。此外，有时也采用无杆活塞缸驱动齿条齿轮或四连杆机构实现

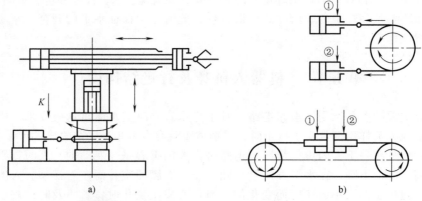

**图 3-30** 链条链轮传动实现机身回转运动的工作原理

a) 单杆活塞气缸驱动链条链轮传动机构　b) 双杆活塞气缸驱动链条链轮传动机构

手臂的仰俯运动。

## 二、机身驱动力（力矩）的计算

### 1. 垂直升降运动驱动力的计算

机身作垂直运动时，除克服摩擦力外，还要克服自身运动部件的重力和其支承的手臂、手腕、手部及工件的总重力以及升降运动的全部部件惯性力，故其驱动力 $P_q$ 可用下式表示为

$$P_q = F_m + F_g \pm W$$

### 2. 回转运动驱动力矩的计算

机身回转运动驱动力矩包括两项：回转部件的摩擦总力矩和机身自身运动部件和其支承的手臂、手腕、手部及工件的总惯性力矩，故驱动力矩 $M_q$ 可用下式表示为

$$M_q = M_m + M_g$$

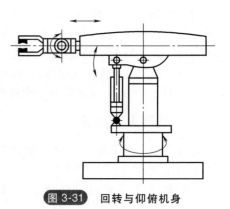

**图 3-31** 回转与仰俯机身

而

$$M_g = J_0 \frac{\Delta \omega}{\Delta t}$$

式中　$\Delta \omega$——升速或制动过程中的角速度增量（rad/s）；

　　　$\Delta t$——回转运动升速过程或制动过程的时间（s）；

　　　$J_0$——全部回转零部件对机身回转轴的转动惯量（kg·m$^2$）。

### 3. 升降立柱下降不卡死（不自锁）的条件计算

偏重力矩是指臂部全部零部件与工件的总重量对机身回转轴的静力矩。当手臂悬伸为最大行程时，其偏重力矩为最大值。故偏重力矩应按悬伸最大行程且最大抓重时进行计算。

根据静力学原理可求出手臂总重量的重心位置距机身立柱轴的距离 $L$，又称为偏重力臂，如图 3-32 所示。

偏重力臂的大小为

$$L = \frac{\sum G_i L_i}{\sum G_i}$$

偏重力矩为

$$M = WL$$

手臂在总重量 $W$ 的作用下有一个偏重力矩，而立柱支承导套中有阻止手臂倾斜的力矩，显然偏重力矩对升降运动的灵活性有很大影响。如果偏重力矩过大，使支承导套与立柱之间的摩擦力过大，出现卡滞现象，此时必须增大升降驱动力，相应的驱动及传动装置的体积庞大。如果依靠自重下降，立柱可能卡死在导套内而不能下降，这就是自锁。因此，必须根据偏重力矩的大小决定立柱导套的长度。根据升降立柱的平衡条件可知

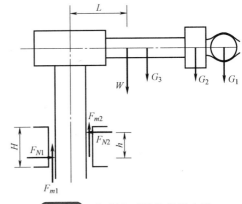

图 3-32 机器人手臂的偏重力矩

$$F_{N1}h = WL$$

则

$$F_{N1} = F_{N2} = \frac{L}{h}W$$

要使升降立柱在导套内自由下降，臂部总重量 $W$ 必须大于导套与立柱之间的摩擦力 $F_{m1}$ 及 $F_{m2}$，因此升降立柱依靠自重下降而不引起卡死的条件为

$$W > F_{m1} + F_{m2} = 2F_{N1}f = 2\frac{L}{h}Wf$$

即

$$h > 2fL$$

式中　$h$——导套的长度（m）；

　　　$f$——导套与立柱之间的摩擦系数，$f = 0.015 \sim 0.1$，一般取较大值；

　　　$L$——偏重力臂（m）。

假如立柱升降都是依靠驱动力进行的，则不存在立柱自锁（卡死）条件，升降驱动力计算中摩擦阻力按上式计算。

**4. 机身设计时要注意的问题**

1）刚度和强度要大，稳定性要好。

2）运动灵活，导套不宜过短，避免卡死。

3）驱动方式要适宜。

4）结构布置要合理。

## 三、机器人行走机构设计

行走机构是行走机器人的重要执行部件，它由驱动装置、传动机构、位置检测元件、传感器、电缆及管路等组成。

行走机构按其行走移动轨迹可分为固定轨迹式和无固定轨迹式。固定轨迹式行走机构主要用于工业机器人。无固定轨迹式行走机构按工作特点可分为步行式、轮式和履带式。

在行走过程中，步行式行走机构为间断接触，轮式和履带式行走机构与地面为连续接触，前者为类人（或动物）的腿脚式，后两者的形态为运行车式。另外，还有一种运行车式行走机构用得比较多，多用于野外作业，比较成熟。

**1. 固定轨迹可移动机器人**

该机器人机身底座安装在一个可移动的拖板座上，靠丝杠螺母驱动，整个机器人沿丝杠纵向移动。这类机器人除了采用这种直线驱动方式外，有时也采用类似起重机梁行走方式等。

这种可移动机器人主要用在作业区域较大的场合，比如大型设备装配，立体仓库中的材

料搬运、材料堆垛和储运及大面积喷涂等。

### 2. 无固定轨迹式行走机器人

（1）对行走机器人的一般要求　工厂对机器人行走性能的基本要求是：机器人能够从一台机器旁边移动到另一台机器旁边，或者在一个需要焊接、喷涂或加工的物体周围移动。

首先需要机器人能够面对一个物体自行重新定位。同时，行走机器人应能够绕过其运行轨道上的障碍物。其中，计算机视觉系统是提供上述能力的方法之一。

运载机器人的行走车辆必须能够支承机器人的重量。当机器人四处行走并对物体进行加工时，移动车辆还需要具有保持稳定的能力。

可以采用以下两种方法：一是增加机器人移动车辆的重量和刚性，二是进行实时计算和施加所需要的平衡力。由于前一种方法容易实现，所以它是目前改善机器人行走性能的常用方法。

（2）典型行走机构

1）具有三组轮子的轮系，如图3-33所示。这种机器人的行走机构设计得非常灵活，它不但可以在工厂地面上运动，而且能够沿小路行驶。

它的缺点是：稳定性不够，容易倾倒，而且运动稳定性随着负载轮子的相对位置不同而变化；在轮子与地面的接触点从一个滚轮移到另一个滚轮上时，还会出现颠簸现象。

2）具有四组轮子的轮系。具有四组轮子的轮系其运动稳定性有很大提高。但是，要保证四组轮子同时和地面接触，必须使用特殊的轮系悬挂系统。它需要有四台驱动电动机，其控制系统比较复杂，造价也比较高。

图 3-33　具有三组轮子的轮系

3）两足步行式机器人。行走机构要始终满足静力学的平衡条件，也就是机器人的重心要始终落在接触地面的一脚上。两足步行机器人的移动步行有效地利用了惯性力和重力。移动步行的典型例子是踩高跷。图3-34所示为常见两足步行机器人行走机构的工作原理。

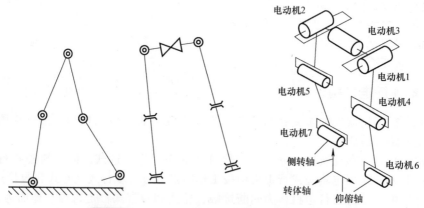

图 3-34　两足步行式机器人行走机构的工作原理

4）四足、六足及多足步行式机器人。这类步行式机器人是模仿动物行走的机器人，如图3-35和图3-36所示。

5）履带式行走机器人。这种机器人可以在有些凹凸的地面上行走；可以跨越障碍物；能爬梯度不太高的台阶，如图3-37所示。它的缺点是由于没有自定位轮，没有转向机构，只能

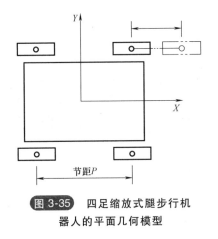

图 3-35　四足缩放式腿步行机
器人的平面几何模型

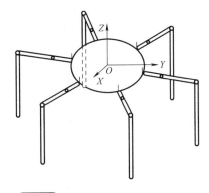

图 3-36　六足缩放式腿步行机器人

靠左右两个履带的速度差实现转弯，所以在横向和前进方向都会产生滑动；转弯阻力大，不能准确地确定回转半径等。

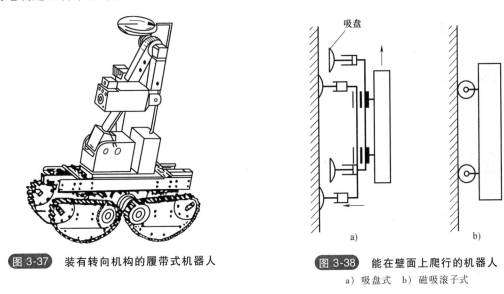

图 3-37　装有转向机构的履带式机器人

图 3-38　能在壁面上爬行的机器人

a）吸盘式　b）磁吸滚子式

6）其他行走机器人。为了特殊的目的，还研制了各种各样的移动机器人机构。图 3-38 所示为一种能够在壁面上爬行的机器人结构简图。

# 第 四 章

# 工业机器人驱动控制系统

如果说工业机器人本体是其"肢体",那么驱动系统就相当于工业机器人的"肌肉"和"筋络",它能驱使工业机器人按照控制系统发出的指令信号,借助于动力元件使机器人产生动作;控制器是工业机器人的"大脑"和"心脏",它是决定机器人功能和水平的关键部分,也是机器人系统中更新发展最快的部分。本章从工业机器人驱动系统、控制系统、人机交互系统的组成、特点、功能作用等方面进行概括性介绍,并对控制系统中示教再现控制、离线编程控制、运动控制、计算机控制等机器人控制方式进行分析和讲解。

## 第一节 驱 动 系 统

驱动系统是驱使工业机器人机械臂运动的机构。它按照控制系统发出的指令信号,借助于动力元件使机器人产生动作,相当于人的肌肉、筋络。工业机器人的驱动系统包括传动机构和驱动装置两部分,它们通常与执行机构连成机器人本体。

### 一、传动机构

机器人关节传动机构如图 4-1 所示,它主要由减速器、滚珠丝杠、链、带以及各种齿轮系组成。目前工业机器人广泛采用的机械传动机构是减速器,应用在关节型机器人上的减速器主要有两类:RV 减速器和谐波减速器。一般将 RV 减速器放置在基座、腰部、大臂等重负荷的位置(主要用于 20kg 以上的机器人关节);将谐波减速器放置在小臂、腕部或手部等轻负荷的位置(主要用于 20kg 以下的机器关节)。此外,机器人还采用齿轮传动、链条(带)传动、直线运动单元等。

#### 1. 谐波减速器

谐波减速器通常由三个基本构件组成,包括一个有内齿的刚轮,一个工作时可产生径向弹性变形并带有外齿的柔轮和一个装在柔轮内部、呈椭圆形、外圈带有柔性滚动轴承的波发生器。在这三个基本结构中可任意固定一个,其余一个为主动件、一个为从动件,如图4-2所示。

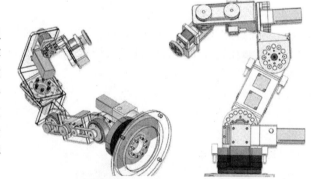

#### 2. RV 减速器

**图 4-1** 机器人关节传动机构

如图 4-3 所示,RV 减速器主要由太阳轮(中心轮)、行星轮、转臂(曲柄轴)、转臂轴承、摆线轮(RV 齿轮)、针齿、刚性盘与输出盘等零部件组成。它具有较高的疲劳强度和刚度以及较长的使用寿命,且回差精度比

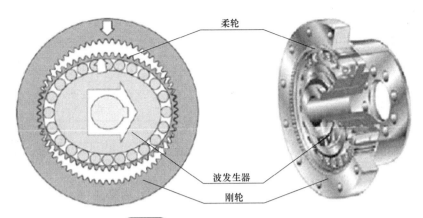

图 4-2  谐波减速器基本构件组成

较稳定。其中高精度机器人传动机构多采用 RV 减速器。

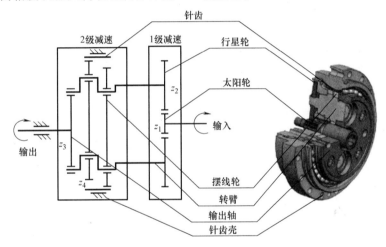

图 4-3  RV 减速器的结构组成示意图

## 二、驱动装置

工业机器人常用的驱动装置有液压驱动装置、气动驱动装置和电动驱动装置三种基本类型。早期的机械手和机器人中，其操作机多应用连杆机构中的导杆、滑块、曲柄，多采用液压（气压）活塞缸（或回转缸）来实现其直线和旋转运动。随着控制技术的不断发展，以及对机器人操作机各部分动作要求的不断提高，电动驱动在工业机器人中的应用日益广泛。目前，除个别运动精度不高、重负荷或有防爆要求的机器人采用电液、气动驱动外，工业机器人大多数采用电动驱动，而其中属交流伺服电动机应用最广，且驱动器布置大多采用一个关节一个驱动器。

### 1. 液压驱动装置

图 4-4 所示为液压驱动装置的组成示意图，它由液压源、驱动器、伺服阀、传感器和控制器等组成。采用液压驱动的工业机器人，具有点位控制和连续轨迹控制功能，并具有防爆性能。

液压驱动装置的工作特点如下。

1）在系统的输出和输入之间存在反馈连接，从而组成闭环控制系统。

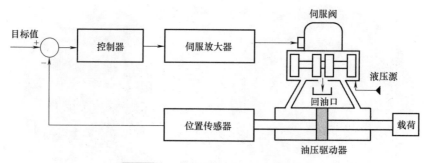

图 4-4　液压驱动装置的组成示意图

2）系统的主反馈是负反馈。

3）系统输入信号的功率很小，而系统的输出功率可以达到很大。

采用液压驱动装置的工业机器人由电气控制来实现并构成电液伺服系统，通过电气传动方式，将电气信号输入系统来操纵有关的液压控制元件动作，进而控制液压执行元件，使其跟随输入信号而动作，这类伺服系统中电液两部分都采用电液伺服阀作为转换元件。图 4-5 为机械手手臂伸缩运动的电液伺服系统示意图，当数控装置发出一定数量的脉冲时，步进电动机就会带动电位器的动触头转动。假设此时顺时针转过一定的角度 $\beta$，这时电位器输出电压为 $u$，经放大器放大后输出电流 $i$，使电液伺服阀产生一定的开口量。这时，电液伺服阀处于左位，液压油进入液压缸左腔，活塞杆右移，带动机械手手臂右移，液压缸右腔的油液经电液伺服阀返回油箱。此时，机械手手臂上的齿条带动齿轮也顺时针转动，当其转动角度 $\alpha = \beta$ 时，动触头回到电位器的中位，电位器输出电压为零，相应放大器输出电流为零，电液伺服阀回到中位，液压油路被封锁，手臂即停止运动。当数控装置发出反向脉冲时，步进电动机逆时针方向转动，和前面正好相反，机械手就会手臂缩回。

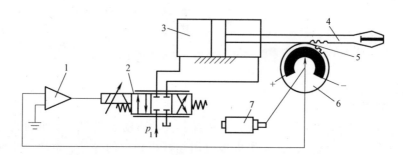

图 4-5　机械手手臂伸缩运动的电液伺服系统示意图

1—放大器　2—电液伺服阀　3—液压缸　4—机械手手臂　5—齿轮齿条机构　6—电位器　7—步进电动机

**2. 气动驱动装置**

气动驱动装置与液压驱动装置相似，只是传动介质不同，利用气体的抗挤压力来实现力的传递。气压驱动回路主要由气源装置、执行元件、控制元件及辅助元件四部分组成。气动驱动装置多用于两位式或有限点位控制的工业机器人，如冲压机器人、作为装配机器人的气动夹具、用于点焊等较大型通用机器人的气动平衡。机器人末端执行器气动驱动装置如图 4-6 所示。

**3. 电动驱动装置**

电动驱动是利用电动机产生的力和力矩，直接或经过减速机构驱动机器人的关节，以获得所要求的位置、速度和加速度的驱动方法。电动驱动包括驱动器和电动机两部分。对于电

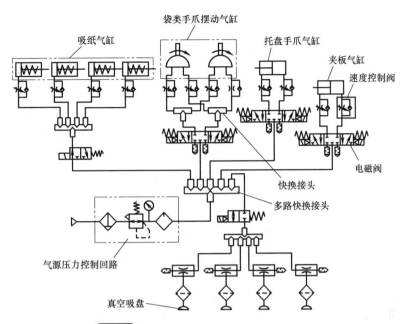

图 4-6　机器人末端执行器气动驱动装置

动驱动，第一个需要解决的问题是，如何让电动机根据要求转动，一般由专门的控制卡和控制芯片来进行控制，将微控制器和控制卡连接起来，就可以用程序来控制电动机；第二个要解决的问题是，控制电动机的速度，主要表现在机器人各关节部件实际运动速度。图 4-7 为工业机器人电动驱动装置原理框图，工业机器人电动伺服系统的一般结构为三个闭环控制，即电流环、速度环和位置环。它是利用各种电动机产生的力矩和力，直接或间接驱动机器人本体以获得机器人的各种运动的执行机构。电动驱动系统要求有较大功率质量比和扭矩惯量比、高起动转矩、低惯量和较宽广且平滑的调速范围。

现在一般都利用交流伺服驱动器来驱动电动机，伺服电动机必须具有较高的可靠性和稳定性，并且具有较大的短时过载能力。机器人末端执行器（手爪）应采用体积、质量尽可能小的电动机。

电动驱动装置对关节驱动电机的主要要求如下。

1）快速性。电动机从获得指令信号到完成指令所要求的工作状态的时间应短。响应指令信号的时间越短，电气驱动系统的灵敏性越高，快速响应性能越好，一般是以伺服电动机的机电时间常数大小来说明伺服电动机快速响应的性能。

图 4-7　工业机器人电动驱动装置原理框图

2）起动转矩惯量比大。在驱动负荷的情况下，要求机器人伺服电动机的起动转矩大，转动惯量小。

3）控制特性的连续性和直线性。随着控制信号的变化，电动机的转速能连续变化，有时还需转速与控制信号成正比或近似成正比。

4）调速范围宽，能使用于1∶1000～1∶10000的调速范围。

5）体积小、质量小、轴向尺寸短。

6）可进行十分频繁的正反向和加减速运行，并能在短时间内承受过载。

伺服电动机是工业机器人的动力系统，一般安装在机器人的"关节"处，是机器人运动的"心脏"。"伺服"一词源于希腊语"奴隶"的意思。"伺服电动机"可以理解为绝对服从控制信号指挥的电动机，在控制信号发出之前，转子静止不动；当控制信号发出时，转子立即转动；当控制信号消失时，转子能即时停转。伺服电动机是自动控制装置中被用作执行元件的微特电机，其功能是将电信号转换成转轴的角位移或角速度。图4-8所示为交流伺服电动机。

图 4-8　交流伺服电动机

一般伺服电动机是指带有反馈的直流电动机、交流电动机、无刷电动机或者步进电动机，它们通过控制以期望的转速（和相应地期望转矩）运动到达期望转角。为此，反馈装置向伺服电动机控制器电路发送信号，提供电动机的角度和速度。如果负荷增大，则转速就会比期望转速低，电流就会增加直到转速和期望值相等；如果信号显示数比期望值高，电流就会相应地减小。如果还使用了位置反馈，那么位置信号用于在转子到达期望的角位置时关掉电动机。图4-9为伺服电动机驱动原理框图。

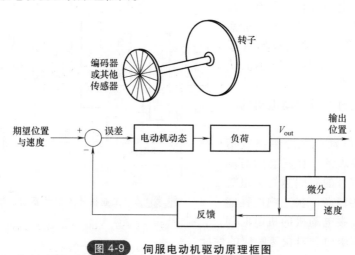

图 4-9　伺服电动机驱动原理框图

目前，一般负荷1000N以下的工业机器人大多采用电气驱动系统。所采用的关节驱动电动机主要是AC伺服电动机、步进电动机和DC伺服电动机。

交流伺服电动机由于采用电子换向，无换向火花，在易燃易爆环境中得到了广泛使用。步进电动机主要适用于开环控制系统，一般用于位置和速度精度要求不高的环境。机器人关节驱动电动机的功率范围一般为 $0.1 \sim 10 kW$。

液压驱动、气动驱动和电动驱动三种基本驱动装置的主要性能特点见表4-1。

**表 4-1　三种基本驱动装置的主要性能特点**

| 内容 | 电液驱动 | 气动驱动 | 电气驱动 |
| --- | --- | --- | --- |
| 输出功率 | 很大；<br>压力范围为：$50 \sim 1400 N/cm^2$；<br>液体的不可压缩性 | 大；<br>压力范围为：$40 \sim 60 N/cm^2$；最大可达 $100 N/cm^2$ | 较大 |
| 控制性能 | 控制精度较高，可无级调速，反应灵敏，可实现连续轨迹控制 | 气体压缩性大，精度低，阻尼效果差，低速不易控制，难以实现伺服控制 | 控制精度高，能精确定位，反应灵敏，可实现高速、高精度的连续轨迹控制，伺服特性好，控制系统复杂 |
| 响应速度 | 很高 | 较高 | 很高 |
| 结构性能及体积 | 执行机构可标准化、模块化，易实现直接驱动，功率与质量之比大，体积小，结构紧凑，密封问题较大 | 执行机构可标准化、模块化、易实现直接驱动；功率与质量之比较大，体积小，结构紧凑，密封问题较小 | 伺服电动机易于标准化。结构性能好，噪声低。电动机一般需配置减速装置。除直接驱动电动机外，难以进行直接驱动，结构紧凑，无密封问题 |
| 安全性 | 防爆性能较好，用液压油作传动介质，在一定条件下有火灾危险 | 防爆性能好，高于 $1000 kPa$（10 个大气压）时应注意设备的抗压性 | 设备自身无爆炸和火灾危险。直流有刷电动机换向时有火花，对环境的防爆性能较差 |
| 对环境的影响 | 泄漏对环境有污染 | 排气时有噪声 | 很小 |
| 效率与成本 | 效率中等（$40\% \sim 60\%$），液压元件成本较高 | 效率低（$15\% \sim 20\%$），气源方便，结构简单，成本低 | 效率为 $50\%$ 左右，成本高 |
| 维修及使用 | 方便，但油液对环境温度有一定要求 | 方便 | 较复杂 |
| 在工业机器人中的应用范围 | 适用于重载、低速驱动，电液伺服系统适用于喷涂机器人、重载点焊机器人和搬运机器人 | 适用于中小负荷，快速驱动，精度要求较低的有限点位程序控制机器人，如冲压机器人、机器人本体的气动平衡及装配机器人气动夹具 | 适用于中小负荷，要求具有较高的位置控制精度和速度较高的机器人，如 AC 伺服喷涂机器人、点焊机器人、弧焊机器人和装配机器人等 |

一般情况下，各种机器人驱动装置的设计选用遵循以下原则。

（1）根据负荷大小选用

1）低速重负荷时可选用液压驱动装置。

2）中等负荷时可选用电动驱动装置。

3）轻负荷时可选用电动驱动装置。

4）轻负荷、高速时可选用气动驱动装置。

（2）根据作业环境要求选用　从事喷涂作业的工业机器人，由于工作环境需要防爆，考虑到其防爆性能，多采用液压驱动装置和具有本征防爆的交流电动驱动装置。在腐蚀性、易燃易爆气体、放射性物质环境中工作的移动机器人，一般采用交流伺服驱动。如要求在洁净环境中使用，则多要求采用直接驱动（Direct Drive 即 DD）的电动驱动装置。

（3）根据操作运行速度选用　要求其有较高的点位重复精度和较高的运行速度，通常在速度相对较低（≤4.5m/s）情况下，可采用 AC、DC 或步进电动机伺服驱动装置；在速度、精度要求均很高的条件下，多采用直接驱动的电动驱动装置。

**4. 新型驱动装置**

（1）压电驱动装置　压电效应的工作原理是，如果对压电材料施加压力，它便会产生电位差（称为正压电效应）；反之，施加电压，则产生机械应力（称为逆压电效应）。压电驱动器是利用逆压电效应，将电能转变为机械能或机械运动，实现微量位移的执行装置。压电材料具有很多优点：易于微型化、控制方便、低压驱动、对环境影响小以及无电磁干扰等。

（2）形状记忆合金驱动装置　形状记忆合金是一种特殊的合金，一旦使它记忆了任何形状，即使产生变形，但当加热到某一适当温度时，它就能恢复到变形前的形状。利用这种驱动器的技术即为形状记忆合金驱动技术。

（3）超声波电动机驱动装置　超声波电动机是 20 世纪 80 年代中期发展起来的一种全新概念的新型驱动装置。它利用压电材料的逆压电效应，将电能转换为弹性体的超声振动，并将摩擦传动转换成运动体的回转或直线运动，超声波电动机驱动装置是指应用这种超声波电动机的装置。

（4）人工肌肉驱动装置　随着机器人技术的发展，驱动器从传统的电动机—减速器的机械运动方式，发展为骨架—腱—肌肉的生物运动方式。为了使机器人手臂能完成比较柔顺的作业任务，实现骨骼—肌肉的部分功能而研制的驱动装置称为人工肌肉驱动器。

现在已经研制出了多种不同类型的人工肌肉，如利用机械化学物质的高分子凝胶、形状记忆合金制作的人工肌肉。应用得最多的还是气动人工肌肉，其中英国 Shadow 公司的 Mckibben 型气动人工肌肉驱动装置如图 4-10 所示。

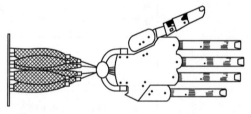

**图 4-10**　Mckibben 型气动人工肌肉驱动装置

# 第二节　控　制　系　统

控制系统是通过对驱动系统的控制，使执行机构按照规定的要求进行工作。控制系统一般由控制计算机和伺服控制器组成。控制计算机发出指令，以协调各关节驱动器之间的运动，同时还要完成编程、示教/再现，以及和其他环境状态（传感器信息）、工艺要求、外部相关设备（如电焊机）之间的信息传递和协调工作。伺服控制器用于控制各关节驱动器，使各杆件按照一定的速度、加速度和位置要求进行运动。

## 一、控制系统的特点

控制系统是工业机器人的重要组成部分，它的机能类似于人类的大脑。工业机器人要与外围设备协调动作，共同完成作业任务，就必须具备一个功能完善、灵敏可靠的控制系统。工业机器人的控制系统总体来讲可以分为两大部分：一部分是对其自身运动进行控制；另一部分是工业机器人与其周边设备的协调控制，而工业机器人控制研究的重点是对其自身的控制。

工业机器人控制系统的主要任务是控制机器人在工作空间中的运动位置、姿态和轨迹、操作顺序及动作时间等项目，其中有些项目的控制是非常复杂的，这就决定了工业机器人的控制系统应具有以下特点。

1) 传统的自动化机械是以自身的动作为重点，而工业机器人的控制系统则更着重本体与操作对象的相互关系。

2) 工业机器人的控制与其机构运动学和动力学有密不可分的关系，因而要使工业机器人的臂、腕及末端执行器等部位在空间具有准确无误的位姿，就必须在不同的坐标系中描述它们，并且随着基准坐标系的不同而要作适当的坐标变换，同时要经常求解运动学和动力学问题。

3) 描述工业机器人状态和运动的数学模型是一个非线性模型，因此，随着工业机器人运动环境的改变，其参数也在变化。又因为工业机器人往往具有多个自由度，所以引起运动变化的变量不是一个，而且各个变量之间一般都存在耦合问题，这就使得工业机器人控制系统不仅是一个非线性系统，而且还是一个多变量系统。为使工业机器人的任一位置都可以通过不同的方式和路径达到，因而工业机器人的控制系统还必须解决优化的问题。

4) 工业机器人还有一种特有的控制方式——示教再现控制方式。

总之，工业机器人控制系统是一个与运动学和动力学原理密切相关的、有耦合的、非线性的多变量控制系统。

## 二、控制系统的分类

工业机器人控制系统的选择，是由工业机器人所执行的任务决定的，对不同类型的机器人已经发展了不同的综合控制方法。工业机器人控制系统的分类，没有统一的标准。

1) 按照运动坐标控制的方式来分，有关节空间运动控制、直角坐标空间运动控制。

2) 按照控制系统对工作环境变化的适应程度来分，有程序控制系统、适应性控制系统、人工智能控制系统。

3) 按照同时控制机器人数目的多少来分，可分为单控系统、群控系统。

4) 按照作业任务的不同来分，可分为点位控制方式、连续轨迹控制方式、力（力矩）控制方式和智能控制方式等。

## 三、控制系统的主要功能

机器人控制系统是机器人的重要组成部分，用于对操作机的控制，以完成特定的工作任务，其基本功能如下。

（1）记忆功能　具备存储作业顺序、运动路径、运动方式、运动速度和与生产工艺有关的信息的功能。

（2）示教功能　具备离线编程、在线示教、间接示教的功能。在线示教包括示教器和导引示教两种。

（3）与外围设备联系功能　包括输入接口、输出接口、通信接口、网络接口和同步接口。

（4）坐标设置功能　有关节、绝对、工具、用户自定义四种坐标系。

（5）人机接口　包括示教器、操作面板、显示屏。

（6）传感器接口　包括位置检测、视觉、触觉、力觉等。

（7）位置伺服功能　具备机器人多轴联动、运动控制、速度和加速度控制、动态补偿等功能。

（8）故障诊断安全保护功能　具备运行时系统状态监视、故障状态下的安全保护和故障自诊断功能。

### 四、工业机器人控制系统的组成

图 4-11 为工业机器人系统组成框图，下面对其主要结构及功能予以说明。

（1）控制计算机  它是控制系统的调度指挥机构。一般为微型机和微处理器，有 32 位、64 位等，如奔腾系列 CPU 以及其他类型 CPU。

（2）示教器  它是用于示教机器人的工作轨迹和参数设定，以及所有人机交互操作，拥有自己独立的 CPU 以及存储单元，与主计算机之间以串行通信方式实现信息交互。

（3）操作面板  由各种操作按键、状态指示灯构成，只完成基本功能操作。

（4）磁盘存储  它是储存机器人工作程序的外围存储器。

（5）数字和模拟量输入输出  用作各种状态和控制命令的输入或输出。

（6）打印机接口  用于记录需要输出的各种信息。

（7）传感器接口  用于信息的自动检测，实现机器人柔顺控制，一般为力觉、触觉和视觉传感器。

（8）轴控制器  完成机器人各关节位置、速度和加速度控制。

（9）辅助设备控制  用于和机器人配合的辅助设备控制，如手爪变位器等。

（10）通信接口  实现机器人和其他设备的信息交换，一般有串行接口、并行接口等。

（11）网络接口

1）Ethernet 接口。可通过以太网实现数台或单台机器人直接与计算机进行通信，数据传输速率高达 10Mbit/s，可直接在计算机上用 Windows 库函数进行应用程序编程之后，支持 TCP/IP 通信协议，通过 Ethernet 接口将数据及程序装入各个机器人控制器中。

2）Fieldbus 接口。支持多种流行的现场总线规格，如 Devicenet、ABRemoteI/O、Interbuss、profibus-DP 和 M-NET 等。

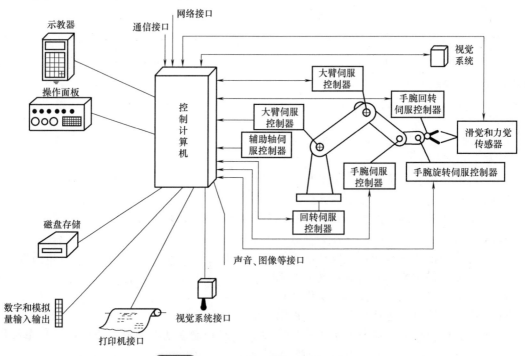

图 4-11  工业机器人控制系统组成框图

### 五、工业机器人的控制方式

工业机器人的控制方式有多种多样，根据作业任务的不同，主要可分为点位控制方式（PTP）、连续轨迹控制方式、力（力矩）控制方式和智能控制方式等。

（1）点位控制方式　点位控制方式又称为 PTP 控制，其特点是只控制工业机器人末端执行器在作业空间中某些规定的离散点上的位置。控制时只要求工业机器人快速、准确地实现相邻各点之间的运动，而对达到目标点的运动轨迹（包括移动的路径和运动的姿态）则不作任何规定，如图 4-12a 所示。这种控制方式的主要技术指标是定位精度和运动所需时间。由于其具有控制方式易于实现、定位精度要求不宜过高的特点，因而常被应用在上下料、搬运、点焊和在电路板上安插元件等只要求目标点处保持末端执行器位置准确的作业中。

（2）连续轨迹控制方式　连续轨迹控制又称为 CP 控制，其特点是连续控制工业机器人末端执行器在作业空间中的位置，要求其严格按照预定的轨迹和速度在一定的精度要求内运动，而且速度可控，轨迹光滑且运动平稳，以完成作业任务。工业机器人各关节连续、同步地进行相应的运动，其末端执行器即可形成连续的轨迹，如图 4-12b 所示。

这种控制方式的主要技术指标是工业机器人末端执行器位置的轨迹跟踪精度及平稳性，通常弧焊、喷漆、去毛边和检测作业机器人都采用这种控制方式。

（3）力（力矩）控制方式　在完成装配、抓放物体等工作时，除要准确定位之外，还要求使用适度的力或力矩进行工作，这时就要利用力或力矩控制方式。这种方式的控制原理与位置，伺服控制原理基本相同，只不过输入量和反馈量不是位置信号，而是力（力矩）信号，所以系统中必须有力（力矩）传感器。

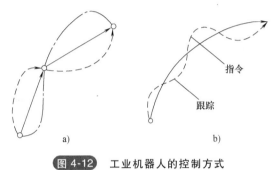

图 4-12　工业机器人的控制方式
a）点位控制　b）连续轨迹控制

（4）智能控制方式　机器人的智能控制是通过传感器获得周围环境的信息，并根据自身内部和知识库做出相应的决策。采用智能控制技术，机器人就能具有较强的环境适应性及自觉能力。智能控制技术的发展依赖于近年来人工神经网络、基因算法、遗传算法等人工智能技术的迅速发展。

# 第三节　人机交互系统

人机交互（Human-Compter Interaction，HCI）是关于设计、评价和实现供人们使用的交互式计算机系统，且围绕这些方面主要现象进行研究的科学。

狭义地讲，人机交互技术主要是研究人和计算机之间的信息交换，它主要包括人到计算机和计算机到人的信息交换两部分。对于前者，人们借助键盘、鼠标、操纵杆、眼动跟踪器、位置跟踪器、数据手套、压力笔等设备，用手、脚、声音、姿态或身体的动作，眼睛甚至脑电波等向计算机传递信息；对于后者，计算机通过打印机、绘图仪、显示器、音响等输出或显示设备给人提供信息。

机器人中最典型的人机交互装置就是示教器，示教器又称为示教编程器，主要由液晶显示器和操作按键组成。可由操作者手持移动，机器人的所有操作基本上都是通过它来完成的。示教器实质上就是一个专用的智能终端。

## 一、认识和使用示教器

机器人示教器是工业机器人的主要组成部分，其设计与研究均由各厂家自行完成。图4-13所示为工业机器人四大家族典型的示教器产品：ABB、库卡（KUKA）、发那科（FANUC）、安川电机（YASKAWA）。

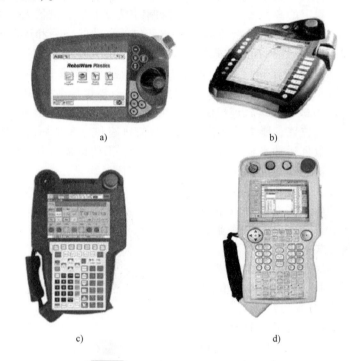

a)                            b)

c)                            d)

图 4-13　四大家族示教器的典型产品
a）ABB　b）库卡（KUKA）　c）发那科（FANUC）　d）安川电机（YASKAWA）

不同品牌的示教器虽然在外形、功能和操作上有所不同，但也有很多共同之处，其中显示屏主要有四个显示区组成，示教器功能键说明见表4-2。

表 4-2　示教器功能键说明

| 序号 | 按键名称 | 按键功能 |
|---|---|---|
| 1 | 急停键 | 通过切断伺服电源立刻停止机器人和外部轴操作。一旦按下急停键,开关保持紧急停止状态;顺时针方向旋转解除紧急停止状态 |
| 2 | 安全开关 | 在操作时确保操作者的安全。只有安全开关被置于适中位置,伺服电源才能供电,机器人方可动作。一旦松开或按紧安全开关,切断伺服电源,机器人立即停止运动 |
| 3 | 坐标选择键 | 手动操作时,机器人的动作坐标选择键可在关节、直角、工具和用户等常见坐标系中进行选择。此键每按一次,坐标系均变化一次 |
| 4 | 轴操作键 | 对机器人各轴进行操作的键。只有按住轴操作键,机器人才可动作,也可以按住两个或更多的键,操作多个轴 |
| 5 | 速度键 | 手动操作时,用这些键来调整机器人的运动速度 |
| 6 | 光标键 | 使用这些键在屏幕上按一定的方向移动光标 |
| 7 | 功能键 | 使用这些键可根据屏幕显示执行指定的功能和操作 |
| 8 | 模式按钮 | 选择机器人控制柜的模式(示教模式、再现/自动模式、远程/遥控模式等) |

1) 菜单显示区：显示操作屏主菜单和子菜单。

2) 通用显示区：在通用显示区可对作业程序、特性文件、各种设定进行显示和编辑。

3) 显示区：显示系统当前状态，如动作坐标系、机器人移动速度等。显示的信息根据控制柜的模式（示教或再现）不同而改变。

4) 人机对话显示区：在机器人示教或自动运行过程中，显示功能图标以及系统错误信息等。

示教器按键设置主要包括"急停键""安全开关""坐标选择键""轴操作键""Jog 键""速度键""光标键""功能键"和"模式旋钮"等。

## 二、示教器示教时注意事项

1) 禁止用力摇晃机械臂及在机械臂上悬挂重物。

2) 示教时请勿戴手套，应穿戴和使用规定的工作服、安全鞋、安全帽、保护用具等。

3) 未经许可不能擅自进入机器人工作区域。调试人员进入机器人工作区域时，需要随身携带示教器，以防他人误操作。

4) 示教前，需要仔细确认示教器的安全保护装置是否能够正确工作，如"急停键""安全开关"等。

5) 在手动操作机器人时要采用较低的倍率速度以增加对机器人的控制机会。

6) 在按下示教器上的"轴操作键"之前要考虑到机器人的运动趋势。

7) 要预先考虑好避让机器人的运动轨迹，并确认该路径不受干涉。

8) 在察觉到有危险时，立即按下"急停键"，停止机器人运转。

## 三、机器人语言

机器人语言都是机器人公司自己开发的针对用户的语言平台，它是给用户示教编程使用的，力求通俗易懂。C 语言、C++语言、基于 IEC 61141 标准语言等语言是机器人公司做机器人系统开发时所使用的语言平台，这一层次的语言平台可以编写、翻译和解释程序，针对用户示教的语言平台编写的程序进行翻译解释成该层语言所能理解的指令，该层语言平台主要进行运动学和控制方面的编程，最底层就是机器语言，如基于 Intel 硬件的汇编指令等。商用机器人公司提供给用户的编程接口一般都是自己开发的简单的示教编程语言系统，如 KUKA、ABB 等，机器人控制系统提供商提供给用户的一般是第二层语言平台，在这一平台层次，控制系统供应商可能提供了机器人运动学算法和核心的多轴联动插补算法，用户可以针对自己设计的产品应用自由地进行二次开发，该层语言平台具有较好的开放性，但是用户的工作量也相应增加，这一层次的平台主要是针对机器人开发厂商的平台，如欧标风格机器人控制系统供应商就是基于 IEC 61141 标准的编程语言平台。

# Chapter 5

## 第五章

# 机器人路径规划

机器人为了完成工作任务，就不可避免地需要运动。那么机器人应该怎样运动，怎样又快又好地运动呢？这就要好好进行机器人路径规划，既节省大量机器人作业时间，又减少机器人磨损。机器人路径规划是机器人控制技术研究的主要问题，是机器人应用的重要技术。一个基本的机器人规划系统能自动生成一系列避免与障碍物发生碰撞的机器人动作轨迹。机器人的路径规划能力应力争最优，就是依据某个或某些优化准则（如工作代价最小、行走路线最短、行走时间最短等），在其工作空间中找到一条从起始状态到目标状态的能避开障碍物的最优路径。路径规划涉及三个方面的问题。

1）对机器人的任务进行描述。

2）根据所确定的轨迹参数，在计算机内部描述所要求的轨迹。

3）对计算机内部描述的轨迹进行实际计算，计算出位置、速度、加速度等，生成相应的运动轨迹。

路径规划是根据作业任务的要求，计算出预期的运动轨迹。路径规划既可在关节空间中进行，也可在直角坐标空间中进行。良好的机器人路径规划技术能够节约人力资源，减小资金投入，为机器人在多种行业中的应用奠定良好的基础。

## 第一节 关节空间路径规划

我们人体运动离不开各个部分关节的配合，机器人也一样。工业机器人在执行某项操作作业时，往往会附加一些约束条件，如沿指定的路径运动，这就要对机器人的运动路径进行规划和协调。运动路径规划的好坏直接影响机器人的作业质量，比如当关节变量的加速度在规划中发生突变时，将会产生冲击。在关节空间中进行路径规划是指将所有关节量表示为时间的函数，用这些关节函数及其一阶、二阶导数描述机器人预期的运动。如对抓放作业（Pick and place operation）的机器人，就比较适合于关节空间进行规划。因此我们只需要描述它的起始状态（或起始点）和目标状态（或终止点），而不考虑两点之间的运动路径。

### 一、插值法

机器人关节空间轨迹规划常用的方法是插值法。该方法是利用函数 $f(x)$ 在某区间中已知若干点函数值，做出适当的特定函数，在区间的其他点上用这个特定函数的值作为函数 $f(x)$ 的近似值，如图 5-1 所示。首先，插值问题的提法是：假定区间 $[a,b]$ 上的实值函数 $f(x)$ 在该区间上 $n+1$ 个互不相同点 $x_0$，$x_1$，…，$x_n$ 处的值是 $f(x_0)$，$f(x_1)$，…，$f(x_n)$，要求估算 $f(x)$ 在 $[a,b]$ 中某点的值。其做法是：在事先选定的一个由简单函数构成的有 $n+1$ 个参数 $c_0$，$c_1$，…，$c_n$ 的函数类 $\Phi(c_0, c_1, …, c_n)$ 中求出满足条件 $p(x_i)=f(x_i)$（$i=0$，1，…，$n$）的函数 $p(x)$，并以 $p(x)$ 作为 $f(x)$ 的估值。当估算点属于包含 $x_0$，$x_1$，…，$x_n$ 的最小闭区间时，相应的插值称为内插，否则称为外插。多项式插值这是最常见的一种函数插值。

在一般插值问题中，若选取 $\Phi$ 为 $n$ 次多项式类，由插值条件可以唯一确定一个 $n$ 次插值多项式满足上述条件。从几何上看可以理解为：已知平面上 $n+1$ 个不同点，要寻找一条 $n$ 次多项式曲线通过这些点。

插值法有抛物线过渡线性插值、三次多项式插值、五次多项式插值及 B 样条插值法。这里主要分析三次多项式插值法和五次多项式插值法。

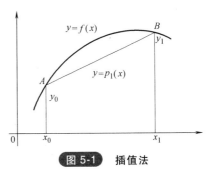

图 5-1 插值法

**1. 三次多项式插值法**

三次多项式与其一阶导数函数，总计有四个待定系数，对起始点和目标点两者的角度、角加速度同时给出约束条件，可以对通过空间的 $n$ 个点进行分析并进行轨迹规划，让速度和加速度在运动过程中保持轨迹平滑。本算法可以实现对 $n-1$ 段中的每一段三次多项式系数求解，为了方便，对其进行归一化处理。

（1）时间标准化算法 根据三次多项式轨迹规划流程，对每个关节进行轨迹规划时需要对 $n-1$ 段的轨迹进行设计，为了能对 $n-1$ 个轨迹规划方程进行同样处理，首先设计时间标准化算法将时间进行处理，经过处理后的时间 $t\in[0,1]$。

首先定义：$t$ 为标准化时间变量，$t\in[0,1]$；$\tau$ 为未标准化时间，单位为秒；$\tau_i$ 为第 $i$ 段轨迹规划结束的未标准化时间，$\tau_i=\tau-\tau_{i-1}$，则机械臂执行第 $i$ 段轨迹所需要的实际时间为

$$t=(\tau-\tau_{i-1})/(\tau_i-\tau_{i-1})$$

其中

$$\tau\in[\tau_{i-1},\tau_i],t\in[0,1]$$

时间归一化后的三次多项式为

$$y=A_0+A_1t+A_2t^2+A_3t^3$$

（2）机械臂轨迹规划算法实现过程

1）已知初始位置为 $\theta_1$。

2）给定初始速度为 0。

3）已知第一个中间点位置 $\theta_2$，它也是第一运动段三次多项式轨迹的终点。

4）为了保证运动的连续性，需要设定 $\theta_2$ 所在点为三次多项式轨迹的起点，以确保运动的连续。

5）为了保证 $\theta_2$ 处速度连续，三次多项式在 $\theta_2$ 处一阶可导。

6）为了保证 $\theta_2$ 处加速度连续，三次多项式在 $\theta_2$ 处二阶可导。

7）依此类推，每一个中间点的位置 $\theta_i[2<i<(n-1)]$ 一定要在其原运动段轨迹的终点，并且也是它后运动段的起点。

8）$\theta_{i+1}$ 的速度保持连续。

9）$\theta_{i+1}$ 的加速度保持连续。

10）终点位置 $\theta_n$ 给定终点速度，设其为 0。

（3）约束条件

第一个三次曲线为

$$\theta(t)=a_{10}+a_{11}t+a_{12}t^2+a_{13}t^3$$

第二个三次曲线为

$$\theta(t)=a_{20}+a_{21}t+a_{22}t^2+a_{23}t^3$$

第三个三次曲线为

$$\theta(t)=a_{30}+a_{31}t+a_{32}t^2+a_{33}t^3$$

......

第 $(n-1)$ 个三次曲线为

$$\theta(t) = a_{(n-1)0} + a_{(n-1)1}t + a_{(n-1)2}t^2 + a_{(n-1)3}t^3$$

在同一时间段内，三次曲线每次的起始时刻 $t=0$，停止时刻 $t=t_n$，其中 $i=1,2,\cdots,n$。

在标准化时间 $t=0$ 处，设定 $\theta_1$ 为第一条三次多项式运动段的起点，可以得出

$$\theta_1 = \theta_{10}$$

在标准化时间 $t=0$ 处，三次多项式运动段第一条的初始速度是已知变量，所以得出

$$\theta_1 = a_{11} = 0$$

第一中间点的位置 $\theta_2$ 与第一条三次多项式运动段在标准化时间 $t=t_n$ 时的终点相同，所以可以得出

$$\theta_2 = a_{10} + a_{11}t_{f1} + a_{12}t_{f1}^2 + a_{13}t_{f1}^3$$

第一中间点的位置 $\theta_2$ 与第一运动段在标准化时间 $t=0$ 时的起点相同，所以得出

$$\theta_2 = a_{20}$$

三次多项式在 $\theta_2$ 处一阶可导，因此可得出

$$\dot{\theta}_2 = a_{11} + 2a_{12}t_{f1} + 3a_{13}t_{f1}^2 = a_{21}$$

三次多项式在 $\theta_2$ 处二阶可导，因此可得出

$$\ddot{\theta}_2 = 2a_{12} + 6a_{13}t_{f1} = 2a_{22}$$

第二个空间点的位置 $\theta_3$ 与第二运动段在标准化时间 $t_{12}$ 时的终点相同，所以有

$$\theta_3 = a_{20} + a_{21}t_{f2} + a_{22}t_{f2}^2 + a_{23}t_{f2}^3$$

第二个中间点的位置 $\theta_3$ 应与第三运动段在标准化时间 $t=0$ 时的起点相同，所以有

$$\theta_3 = a_{30}$$

三次多项式在 $\theta_3$ 处一阶可导，从而有

$$\dot{\theta}_3 = a_{21} + 2a_{22}t_{f2} + 3a_{23}t_{f2}^2 = a_{31}$$

三次多项式在 $\theta_3$ 处二阶可导，从而有

$$\ddot{\theta}_3 = 2a_{22} + 6a_{23}t_{f2} = 2a_{32}$$

......

第 $(n-2)$ 个中间点的位置 $\theta_{n-1}$ 和第 $(n-1)$ 运动段在标准化时间 $t_{f(n-2)}$ 时的终点相同，所以有

$$\theta_{n-1} = a_{(n-2)0} + a_{(n-2)1}t_{f(n-2)} + a_{(n-2)2}t_{f(n-2)}^2 + a_{(n-2)3}t_{f(n-2)}^3$$

第 $(n-2)$ 个中间点的位置 $\theta_{n-1}$ 应与下一运动段在标准化时间 $t=0$ 时的起点位置相同，所以有

$$\theta_{n-1} = a_{(n-1)0}$$

三次多项式在第 $(n-2)$ 个中间点处一阶可导，从而

$$\dot{\theta}_{(n-1)} = a_{(n-2)1} + 2a_{(n-2)2}t_{f(n-2)} + 3a_{(n-2)3}t_{f(n-2)}^2 = a_{(n-1)1} \tag{5-1}$$

三次多项式在第 $(n-2)$ 个中间点处二阶可导，从而

$$\ddot{\theta}_{(n-1)} = 2a_{(n-2)2} + 6a_{(n-2)3}t_{f(n-2)} = 2a_{(n-1)2} \tag{5-2}$$

由此得出所有轨迹终点在标准化时间 $t_n$ 时的位置 $\theta_n$ 为

$$\theta_n = a_{(n-1)0} + a_{(n-1)1}t_{fn} + a_{(n-1)2}t_{fn}^2 + a_{(n-1)3}t_{fn}^3 \tag{5-3}$$

因此可以得出所有轨迹终点在标准化时间 $t_n$ 时的速度 $\theta_n$ 为

$$\dot{\theta}_n = a_{(n-1)1} + 2a_{(n-1)2}t_{fn} + 3a_{(n-1)3}t_{fn}^2 \tag{5-4}$$

以上公式改写为矩阵

$$[C] = [M]^{-1}[\theta]$$

由该矩阵计算 $[M]^{-1}$ 可以求出轨迹规划的全部参数，（$[\theta]$ 由五轴机械臂运动学逆解求出）于是求得 $(n-1)$ 段的运动方程，从而使五轴机械臂末端执行器经过所给定的位置坐标。

通过以上分析可以确定机械臂在满足速度要求的两个位姿之间运动时各个关节轴的角度变化曲线。如图 5-2 所示，机械臂某关节角在 4s 内由初始点 $A$ 经过中间点 $B$ 到达终点 $C$ 的变化情况。三个位置点的角度和角角度如下：

$$\theta_A = 30° \quad \theta_B = 60° \quad \theta_C = 40°$$

$$\dot{\theta}_A = 20°/s \quad \dot{\theta}_B = 30°/s \quad \dot{\theta}_C = 20°/s$$

图 5-2 中实线为角度变化曲线，虚线为角速度变化曲线。角度曲线平滑，而角速度曲线在中间点处出现突变。

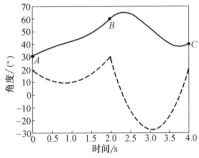

图 5-2　三次多项式插值法

### 2. 五次多项式插值法

五次多项式共有 6 个待定系数，要想 6 个系数得到确定，至少需要 6 个条件。五次多项式可以看作是关节角度的时间函数，因此其一阶可导和二阶可导分别可以看作是关节角速度和关节角加速度的时间函数。五次多项式及一阶、二阶导数公式为

$$\theta_{(t)} = C_0 + C_1 t + C_2 t^2 + C_3 t^3 + C_4 t^4 + C_5 t^5 \tag{5-5}$$

$$\dot{\theta}_{(t)} = C_1 + 2C_2 t + 3C_3 t^2 + 4C_4 t^3 + 5C_5 t^4 \tag{5-6}$$

$$\ddot{\theta}_{(t)} = 2C_2 + 6C_3 t + 12C_4 t^2 + 20C_5 t^3 \tag{5-7}$$

为了求得待定系数 $C_0$，$C_1$，$C_2$，$C_3$，$C_4$，$C_5$，对起始点和目标点同时给出关于角度和角加速度的约束条件为

$$\theta_{(t_0)} = C_0 + C_1 t_0 + C_2 t_0^2 + C_3 t_0^3 + C_4 t_0^4 + C_5 t_0^5 \tag{5-8}$$

$$\theta_{(t_f)} = C_0 + C_1 t_f + C_2 t_f^2 + C_3 t_f^3 + C_4 t_f^4 + C_5 t_f^5 \tag{5-9}$$

$$\dot{\theta}_{(t_0)} = C_1 + 2C_2 t_0 + 3C_3 t_0^2 + 4C_4 t_0^3 + 5C_5 t_0^4 \tag{5-10}$$

$$\dot{\theta}_{(t_f)} = C_1 + 2C_2 t_f + 3C_3 t_f^2 + 4C_4 t_f^3 + 5C_5 t_f^4 \tag{5-11}$$

$$\ddot{\theta}_{(t_0)} = 2C_2 + 6C_3 t_0 + 12C_4 t_0^2 + 20C_5 t_0^3 \tag{5-12}$$

$$\ddot{\theta}_{(t_f)} = 2C_2 + 6C_3 t_f + 12C_4 t_f^2 + 20C_5 t_f^3 \tag{5-13}$$

式中　$\theta_{(t_0)}$、$\theta_{(t_f)}$——起始点和目标点的关节角；

$\dot{\theta}_{(t_0)}$、$\dot{\theta}_{(t_f)}$——起始点和目标点的关节角速度；

$\ddot{\theta}_{(t_0)}$、$\ddot{\theta}_{(t_f)}$——起始点和目标点的关节角加速度。

将起始时间设为 0，即 $t_0 = 0$ 得到解为

$$\begin{cases} C_0 = \theta_0 \\[2mm] C_1 = \dot{\theta}_0 \\[2mm] C_2 = \dfrac{\ddot{\theta}_0}{2} \\[4mm] C_3 = \dfrac{20\theta_f - 20\theta_0 - (8\dot{\theta}_f + 12\dot{\theta}_0)t_f - (3\ddot{\theta}_0 - \ddot{\theta}_f)t_f^2}{2t_f^3} \\[4mm] C_4 = \dfrac{30\theta_0 - 30\theta_f + (14\dot{\theta}_f + 16\dot{\theta}_0)t_f + (3\ddot{\theta}_0 - 2\ddot{\theta}_f)t_f^2}{2t_f^4} \\[4mm] C_5 = \dfrac{12\theta_f - 12\theta_0 - (6\dot{\theta}_f + 6\dot{\theta}_0)t_f - (\ddot{\theta}_0 - \ddot{\theta}_f)t_f^2}{2t_f^5} \end{cases} \tag{5-14}$$

为了与三次多项式关节插值算法的效果形成对比，同样要求机械臂从起始点开始运动，经过 4s 到达终点，起始点和目标点的关节角速度为 0。中间点的关节角加速度还可以对相邻两段轨迹角加速度进行平均值求解，使该值为中间点的瞬时加速度。将结果与三次多项式插值进行对比，发现三个位置点的速度、角速度两种方法相同，同时增加角加速度约束，则有

$$\theta_A = 30° \quad \theta_B = 60° \quad \theta_C = 40°$$

$$\dot{\theta}_A = 20°/s \quad \dot{\theta}_B = 30°/s \quad \dot{\theta}_C = 20°/s$$

$$\ddot{\theta}_A = 2°/s^2 \quad \ddot{\theta}_B = 4°/s^2 \quad \ddot{\theta}_C = 2°/s^2$$

如图 5-3 所示，图中实线表示角度变化曲线，虚线表示角速度变化曲线。点线则表示角加速度曲线。其中角度和角速度曲线相对平滑一些，而角加速度曲线在中间点处变化稍大。因此，采用多项式插值法虽然计算量有所增加，但是其关节空间轨迹平滑、运动稳定，而且阶数越高满足的约束项就越多。

## 二、实时轨迹插补算法

焊接机器人作为工业机器人的一种，应用非常广泛，其所占比例为工业机器人 1/2 左右，如图 5-4 所示。焊接机器人主要有点焊机器人和弧焊机器人两类。点焊机器人主要用在汽车行业，而弧焊机器人在汽车、船舶、铁路车辆、锅炉容器、金属制造、建筑机械和家用电器等行业的应用较为广泛。实时轨迹插补算法适用于焊接机器人关节路径规划。

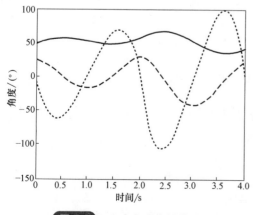

图 5-3　五次多项式插值法

图 5-4　焊接机器人

实时轨迹插补算法是为解决焊接机器人实际应用中的电弧跟踪实时偏差补偿和轨迹插补过程中的实时调速而提出的，它主要通过控制路径方向和法向量方向实现上述功能。在路径方向施加控制方面，通过实时控制运行加速度、速度和位置，在控制机器人运行的同时，生成机器人运动轨迹，从而实现轨迹插补过程中的调速和暂停功能。

实时轨迹插补算法通过对给定的速度、加速度和轨迹插补方程信息以及上一插补点的速度、位移信息运用一定的方式进行处理，得到下一个插补点的信息。在插补计算过程中，为路径方向和法向量方向都保留了接口，所以可以实现对机器人运动的实时控制。关节空间规划方法通过优化分析各个关节速度和关节角速度，得到调用实时轨迹插补算法所用到的约束输入量；通过调用实时轨迹插补算法能够得到下一步的运动速度、位移量；通过关节角度处理模块得到机器人各个关节角度值，发送到下位机控制机器人用于实际运行。

### 三、轨迹规划方法要求及实现的步骤

在关节空间轨迹规划中，机器人必须满足以下要求。

1）机器人各个关节的运动时间相同，即同时开始运动同时终止运动，规划轨迹要求连续平稳。

2）机器人各个关节的运动速度要连续。

3）能够在运动过程完成机器人当前轨迹插补的同时，实现控制机器人运行轨迹和状态。

关节空间轨迹规划方法主要完成对关节速度的处理、关节加速度的处理、与实时轨迹插补算法的结合和关节角度的处理。

关节空间轨迹规划方法的实现步骤如下。

1）设定始末点关节角度值、各个关节运行速度和加速度值。

2）根据速度处理模块，选定插补用到的关节角度差 $s$ 和关节速度 $v$。

3）根据加速度处理模块，选定插补用到的关节加速度 $a$。

4）调用实时轨迹插补算法，实时控制下一步的速度和位置。

5）根据关节角度处理模块，得到下一步的关节角度值。

# 第二节　直角坐标空间路径规划

关节空间的轨迹规划是对单个轴的规划，由于机器人机构的特殊性，关节空间规划不能保证特定的轨迹，如果对于那些路径、姿态有严格要求的作业，例如弧焊作业，就必须在笛卡尔坐标系内进行规划。

笛卡尔坐标系就是直角坐标系和斜角坐标系的统称。相交于原点的两条数轴，构成了平面放射坐标系。若两条数轴上的度量单位相等，则称此放射坐标系为笛卡尔坐标系。两条数轴互相垂直的笛卡尔坐标系，称为笛卡尔直角坐标系，否则称为笛卡尔斜角坐标系。

由于末端执行器的位姿都是时间的函数，所以对路径轨迹的空间形状有一定的设计要求，这需要相应的机器人轨迹插补算法和逆运动学计算来确定一个机器人的各关节角，以实现要求的空间轨迹。

直线插补和圆弧插补是机器人轨迹规划系统中不可缺少的基本插补算法，也是机器人轨迹规划中最常用的规划方法。

### 一、直线插补

直线插补及梯形速度控制方法如图 5-5 所示。

在图 5-5 中，始点坐标和姿态为 $P_1(x_1, y_1, z_1)$、$\theta_1(\alpha_1, \beta_1, \gamma_1)$，终点坐标和姿态为 $P_2$

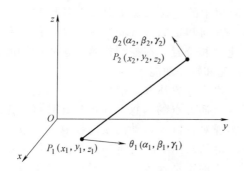
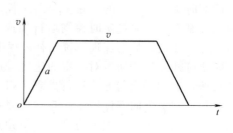

图 5-5　直线插补及梯形速度控制方法

$(x_2, y_2, z_2)$、$\theta_2(\alpha_2, \beta_2, \gamma_2)$，开始时的加速段或结束时的减速段（加速段与减速段具有对称性）的加速度为 $a$，直线段运动的速度为 $v$。

直线插补流程如图 5-6 所示。

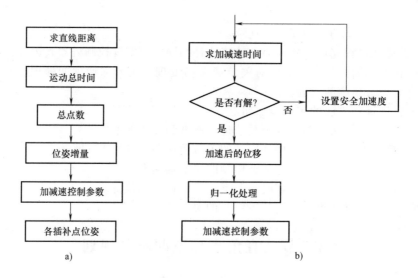

图 5-6　直线插补流程

a）直线插补　b）梯形加减速控制参数求解

## 二、圆弧插补

圆弧插补的方法如图 5-7 所示，圆弧三点坐标 $P_1(x_1, y_1, z_1)$、$P_2(x_2, y_2, z_2)$、$P_3(x_3, y_3, z_3)$，姿态为 $\theta_1(\alpha_1, \beta_1, \gamma_1)$、$\theta_2(\alpha_2, \beta_2, \gamma_2)$、$\theta_3(\alpha_3, \beta_3, \gamma_3)$，始末加速段加速度为 $a$，中间段速度为 $v$。

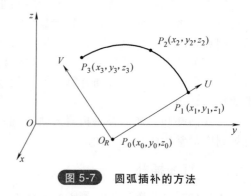

图 5-7　圆弧插补的方法

### 1. 判断三点共线

利用向量 $\overrightarrow{P_1P_2}$ 和向量 $\overrightarrow{P_2P_3}$ 叉乘来判断。

### 2. 三平面法求圆心和半径

$P_1$、$P_2$ 和 $P_3$ 点确定的平面 M

$$\begin{vmatrix} x-x_3 & y-y_3 & z-z_3 \\ x_1-x_3 & y_1-y_3 & z_1-z_3 \\ x_2-x_3 & y_2-y_3 & z_2-z_3 \end{vmatrix} = 0$$

过 $P_1P_2$ 中点且与之垂直的平面 T

$$\left[ x - \frac{1}{2}(x_1+x_2) \right](x_2-x_1) + \left[ y - \frac{1}{2}(y_1+y_2) \right](y_2-y_1) + \left[ z - \frac{1}{2}(z_1+z_2) \right](z_2-z_1) = 0$$

过 $P_2P_3$ 中点且与之垂直的平面 S

$$\left[ x - \frac{1}{2}(x_2+x_3) \right](x_3-x_2) + \left[ y - \frac{1}{2}(y_2+y_3) \right](y_3-y_2) + \left[ z - \frac{1}{2}(z_2+z_3) \right](z_3-z_2) = 0$$

联立三个平面方程，用消去法可求得圆心，在求解过程中要讨论 6 种情况（即消去过程中分母不能为零的 6 种情况）。

求半径

$$r = \sqrt{(x_1-x_0)^2 + (y_1-y_0)^2 + (z_1-z_0)^2}$$

### 3. 求变换矩阵

以圆心 $P_0$ 为原点 $O_R$ 建立坐标系，以 $\overrightarrow{P_0P_1}$ 方向为 $U$ 轴，其单位方向矢量为

$$u = \frac{\overrightarrow{P_0P_1}}{|P_0P|}$$

$W$ 轴为与向量 $\overrightarrow{P_1P_2}$ 和 $\overrightarrow{P_2P_3}$ 相垂直的方向，单位方向矢量为

$$w = \frac{\overrightarrow{P_1P_2} \times \overrightarrow{P_2P_3}}{|\overrightarrow{P_1P_2} \times \overrightarrow{P_2P_3}|}$$

$v$ 轴按右手法则来定，其单位方向矢量为

$$v = w \times u$$

因此，变换矩阵如下

$$T_R = \begin{pmatrix} u_x & v_x & w_x & p_{ox} \\ u_y & v_y & w_y & p_{oy} \\ u_z & v_z & w_z & p_{oz} \\ 0 & 0 & 0 & 1 \end{pmatrix}$$

逆矩阵如下

$$T_R^{-1} = \begin{pmatrix} R^{\mathrm{T}} & -R^{\mathrm{T}}P_0 \\ 0 & 1 \end{pmatrix}$$

其中

$$R = \begin{pmatrix} u_x & v_x & w_x \\ u_y & v_y & w_y \\ u_z & v_z & w_z \end{pmatrix}$$

$$P = \begin{pmatrix} p_{ox} \\ p_{oy} \\ p_{oz} \end{pmatrix}$$

### 4. 将各点转换为新坐标

$u_0 = v_0 = w_0 = w_1 = w_2 = w_3 = 0$，半径 $r = u_1$

$$\begin{pmatrix} u_1 \\ v_1 \\ w_1 \\ 1 \end{pmatrix} = T_R^{-1} \begin{pmatrix} x_1 \\ y_1 \\ z_1 \\ 1 \end{pmatrix}$$

$$\begin{pmatrix} u_2 \\ v_2 \\ w_2 \\ 1 \end{pmatrix} = T_R^{-1} \begin{pmatrix} x_2 \\ y_2 \\ z_2 \\ 1 \end{pmatrix}$$

$$\begin{pmatrix} u_3 \\ v_3 \\ w_3 \\ 1 \end{pmatrix} = T_R^{-1} \begin{pmatrix} x_3 \\ y_3 \\ z_3 \\ 1 \end{pmatrix}$$

### 5. 平面圆弧插补

运用平面圆弧插补法进行插补时会产生新的坐标,平面圆弧插补的新坐标如图5-8所示。在平面 $O_R\text{-}UV$ 内进行圆弧插补, $\theta_0$ 为圆弧的弧度

$$\theta_0 = \begin{cases} A\tan2(v_3,u_3) & v_3 > 0 \\ \pi & v_3 = 0 \\ 2\pi + A\tan2(v_3,u_3) & v_3 < 0 \end{cases}$$

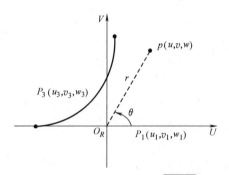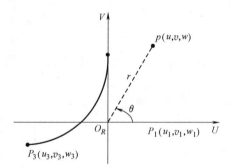

图 5-8 平面圆弧插补的新坐标

$p$ 点为圆弧上任一点,弧度为 $\theta$,则有

$$\theta = \lambda\theta_0$$

则插补点坐标为

$$\begin{cases} u = r\cos(\theta) \\ v = r\sin(\theta) \\ w = 0 \end{cases}$$

### 6. 插补点原坐标系坐标

$p$ 点在原坐标系中的坐标 $(x,y,z)$ 为

$$\begin{pmatrix} x \\ y \\ z \\ 1 \end{pmatrix} = T_R \begin{pmatrix} u \\ v \\ w \\ 1 \end{pmatrix}$$

### 7. 姿态的求解

姿态各轴的增量

$$\begin{cases} \Delta\alpha = \alpha_3 - \alpha_1 \\ \Delta\beta = \beta_3 - \beta_1 \\ \Delta\gamma = \gamma_3 - \gamma_1 \end{cases}$$

可得插补点姿态如下

$$\begin{cases} \alpha = \alpha_1 + \lambda\Delta\alpha \\ \beta = \beta_1 + \lambda\Delta\beta \\ \gamma = \gamma_1 + \lambda\Delta\gamma \end{cases}$$

圆弧插补流程如图 5-9 所示。

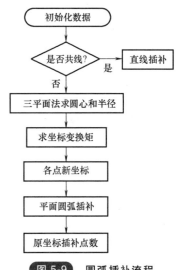

**图 5-9**　圆弧插补流程

## 三、连续直线路径轨迹

在直线插补规划中，起动加速停止减速，若连续直线运动，则再起动运动到下一点，这样使电动机不停地起动和停止，引起较大的振动和磨损。为避免出现这种问题，可用圆弧过渡的方法将相邻直线连接，完成平滑匀速过渡。

连续直线路径轨迹如图 5-10 所示，设共有 $i(i=0,1,2,\cdots,n)$ 个点，坐标为 $(x_i, y_i, z_i)$，加速段和减速段的加速度为 $a$，直线段期望速度 $v$，频率 $f$，圆弧过渡的精度为 $re$。$P_0B_1^1$ 为第一段直线加速段；$B_1^1B_2^1$ 为第一段直线匀速段；$B_2^1E_1^1$ 为第一段直线减速段；$E_1^1E_2^1$ 为第一段过渡圆弧；$E_2^1B_1^2$ 为第二段直线加速段；$B_1^2B_2^2$ 为第二段直线匀速段，其余类推。

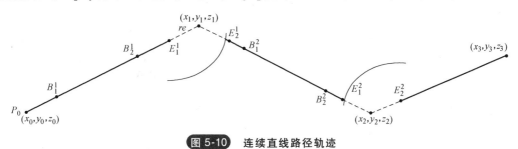

**图 5-10**　连续直线路径轨迹

# 第三节　移动机器人路径规划

移动机器人（见图 5-11）路径规划的研究起始于 20 世纪 70 年代，目前对这一问题的研究仍然十分活跃，国内外学者做了大量工作，提出了很多种路径规划的方法。比较经典的方法有可视图法、切线图法、Voronoi 图法、人工势场法、极坐标直方图法、矢量场法、基于碰撞传感器的沿墙走法等。近十几年来，一些智能的方法如模糊逻辑算法、神经网络法、遗传算法等也用于路径规划。

路径规划是指在有障碍物的环境中规划一条从机器人的起始位置到目标位置的路径，这在自主移动机器人导航中起着重要作用。移动机器人的路径规划是机器人智能控制应用中的一项重要技术，是移动机器人导航技术中不可缺少的重要组成部分，路径规划是移动机器人

**图 5-11**　移动机器人

完成任务的安全保障，同时也是移动机器人智能化程度的重要标志。

## 一、慎思式规划方法

慎思式路径规划又称为全局路径规划，它产生使机器人从当前位置沿着一条预先定义好的全局路径运动到目标位置的指令。慎思式路径规划利用已知的环境地图使机器人在有静态障碍物的环境中运动，在已知的环境地图中找出从起始点到目标点的符合一定性能的可行或最优的路径。它涉及的根本问题是世界模型的表达和搜寻策略。这条全局路径是考虑到环境中的已知的或静态的障碍物规划出来的。

全局路径规划所用的方法依赖于环境地图表示形式。最简单的地图表示形式是占据栅格法，环境被分解成一系列栅格，每个栅格根据其内是否有障碍物被标记为空闲或已占据。全局路径规划的方法有可视图法、切线图法、Voronoi 图法和人工势场法等。

### 1. 可视图法

如图 5-12 所示，可视图法将机器人看作一点，相应地将障碍物边界向外扩张从机器人中心到边缘的最大距离。将机器人、目标点和多边形障碍物的各顶点进行组合连接，要求机器人和障碍物各顶点之间、目标点和障碍物各顶点之间以及各障碍物顶点与顶点之间的连线，均不能穿越障碍物，即直线是可视的，如图 5-13 所示。搜索最优路径的问题就转化为从起始点到目标点经过这些可视直线的最短距离问题，如图 5-14 所示。可视图法能够求得最短路径，但这种方法使得机器人通过障碍物顶点时离障碍物太近，甚至可能会发生碰撞并且搜索时间较长。

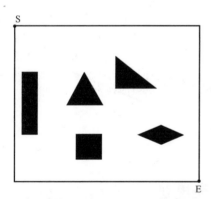

图 5-12　含有障碍物的规划空间

图 5-13　所有可能链接路径

### 2. 切线图法和 Voronoi 图法

切线图法和 Voronoi 图法对可视图法进行了改进。切线图法是用障碍物的切线表示弧，因此，切线图表示的是从起始点到目标点的最短路径，切线图法的缺点是它也使得移动机器人几乎接近障碍物行走，如果控制过程中产生位置误差，移动机器人碰撞的可能性很高。Voronoi 图法是用尽可能远离障碍物和墙壁的路径表示弧，采用这种方法时，即使产生位置误差，移动机器人也不会碰撞到障碍物，但这样将会使得从起始节点到目标节点的路径变长。

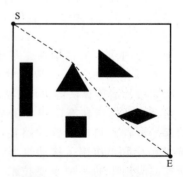

图 5-14　计算后得出最优路径

### 3. 人工势场法

人工势场法最早是由 Khatib 提出的，其基本思想是将移动机器人在环境中的运动视为一种虚拟人工受力场中的运动。目标点产生引力势场，障碍物产生斥力场，引力势场和斥力势场合成总的势场，如图 5-15 所示。总的势场的梯度作为推动机器人运动的力，来控制机器人的运动方向和速度大小，使得机器人绕过障碍物。该法结构简单，便于低层的实时控制，在实时避障和平滑的轨迹控制方面，得到了广泛应用。其不足之处在于存在局部极小值，容易使机器人产生前后摆动现象，因而可能使移动机器人在到达目标点之前就停留在局部极小值，如图 5-16 所示。为解决局部极小值问题，已经研究出一些改进算法，如 Sato 提出的 Laplace 势场法，改进算法是通过在数学方法上合理定义势场方程来保证势场中不存在局部极值；还有一种改进就是当机器人陷入摆动状态后，让机器人沿着斥力的法向量方向沿墙行走。

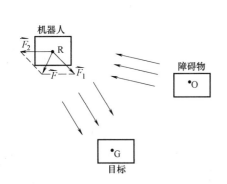

图 5-15 人工势场中机器人的受力情况

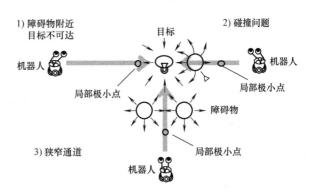

图 5-16 二维人工势场环境下局部极小点问题

## 二、反应式规划方法

反应式规划又称为局部路径规划，它产生使机器人避开未知的或动态的障碍物从而安全地到达目标位置的指令。反应式路径规划不产生一条连接起始点到目标点的路径，它更多地强调动态避障，这就使得机器人有可能陷在一个复杂的障碍物中而不能到达目标地点。慎思式路径规划建立一条从机器人到目标点的全局路径，因此结合两者的混合式路径规划利用预先定义的路径来指导局部运动规划。这样机器人沿着预先定义的路径或路径点向目标前进，利用局部路径规划来躲避沿途遇到的动态障碍物。

反应式路径规划不利用预先定义好的全局路径来导航，而是利用实时的传感器数据进行局部路径规划。例如反应式路径规划利用距离和视觉信息无碰撞地到达目标位置。有很多种反应式路径规划方法，下面介绍极坐标直方图法、基于碰撞传感器的沿墙走法和矢量场法。

### 1. 极坐标直方图法

极坐标直方图法利用极坐标下的障碍物密度来搜索最安全的运动方向。例如，利用传感器数据（即离障碍物的距离）的倒数的加权平均值来计算每个传感器所在方向上的障碍物密度。当没有障碍物时机器人朝着目标位置运动。

### 2. 基于碰撞传感器的沿墙走法

基于碰撞传感器的沿墙走法利用碰撞传感器来探测非常近距离上的障碍物。如果机器人在朝目标前进的过程中撞上障碍物，那么沿着障碍物的边缘走，否则直接朝着目标走。

### 3. 矢量场法

矢量场法是人工势场法的变形，它的基本思想和人工势场法相同。

### 三、混合规划算法

混合规划算法结合慎思式和反应式规划方法使机器人沿着预先定义的路径运动，又要躲避运动过程中遇到的动态障碍物从而安全地到达目标位置。

### 四、移动机器人路径规划的趋势

移动机器人的路径规划方法在完全已知环境中能得到令人满意的结果，但在未知环境特别是存在各种不规则障碍物的复杂环境中，却很可能失去效用。所以如何快速有效地完成移动机器人在复杂环境中的导航任务仍将是今后研究的主要方向之一。另外，对于各种规划方法的改进有这样一个趋势——从对某一种方法的局部修改转向把某几种方法相互结合。因此，怎样把各种方法的优点融合到一起以达到更好的效果也是一个有待探讨的问题。

# 第四节 遗传算法简介

### 一、遗传算法的定义

遗传算法（Genetic Algorithm GA）是以生物界自然选择和遗传变异机制等生物进化理论为基础构造的一类隐含并行随机搜索的优化算法。这种算法在某种程度上对生物进化过程进行数学模拟。它将"适者生存"这一基本的达尔文进化理论作为算法的核心思想，将要优化的参数编码组成基因串（个体的染色体），并且利用选择、交叉和变异等操作在基因串与基因串之间进行有组织但又随机的信息交换。将要优化的目标函数变换为适应度函数，通过计算串的适应度值，淘汰适应度小的个体，保留适应度大的个体繁衍后代，从而达到优化的目的。遗传算法只要求适应度函数为正，不要求可导或连续，也不需要优化目标的导数等任何相关信息，而且能在搜索过程中自动获取和积累解空间的相关知识，并自动适应控制搜索进程，从而获得问题的最优解。遗传算法作为并行算法，适用于全局搜索。多数优化算法都是单点搜索，易于陷入局部最优，而遗传算法却是对种群的许多初始点的多方向搜索，因而可以有效地避免搜索过程陷于局部最优，更有可能搜索到全局最优。遗传算法的整体搜索策略和优化计算不依赖于梯度信息，解决了一些其他优化算法无法解决的问题。

总之，遗传算法与解析法、枚举法和随机法相比，主要的优点是鲁棒性能比较好。所谓鲁棒特性是指能在许多不同的环境中通过效率及功能之间的协调平衡以求生存的能力。人工系统很难达到生物系统的"适者生存"的进化原理，从而使它具有在复杂空间中进行鲁棒搜索的能力。遗传算法具有极简单的计算方法，但却具有很强的功能，它对搜索空间基本不作要求，如连续性、可微、凸性等。目前，遗传算法已成为人们解决高度复杂问题的一种新思路和新方法，在许多复杂实际工程优化中得到了广泛的应用，并取得了良好的效果。

### 二、遗传算法的特点

（1）鲁棒性好 遗传算法的处理对象不是参数本身，而是参数编码后的称为人工染色体的位串，使其可直接对集合、队列、矩阵、图表等结构对象进行操作，这使它的应用范围变广。

（2）多点搜索 遗传算法是多点搜索，而不是单点搜索，避免了陷入局部最优，逐步逼近全局最优解。也正是它固有的并行性，使其优于其他算法。

（3）适用面广 遗传算法通过对目标函数来计算适应度，而不需要其他附加信息，从而对问题的依赖性很小。它对目标函数也基本没有限制，它既不需要函数连续，也不需要可微，既可以是解析的表达式，也可以是映射矩阵、甚至是隐函数，因而应用范围非常广泛。

（4）具有自适应性　遗传算法使用概率的转变规则，而不是确定性的规则，使它比传统的确定性优化算法更具有灵活性和高的搜索效率。它又是一种自适应的随机搜索算法，遗传算法在解空间内不是盲目地穷举或完全随机测试，而是启发式搜索，其搜索效率优于其他随机搜索方法。

（5）具有并行性　遗传算法具有隐含并行性的特点，因而可通过大规模并行计算来提高计算效率，发展潜力很大。

（6）适用于复杂问题　遗传算法最善于搜索复杂地区，从中找出期望值高的区域，更适合大规模优化问题。

使用遗传算法解决优化问题前要先做好的准备工作。

（1）编码　采用合适的编码方式，对要优化的参数编码组成基因串。

（2）确定适应度函数　根据要优化的问题确定目标函数，进而确定适应度函数，适应度函数是遗传算法唯一利用的外部信息，它的选取至关紧要，直接影响遗传算法的收敛速度以及能否找到最优解。

（3）确定算法参数　确定选择、交叉、变异等操作方式和进行这些操作的概率以及概率的变化规律。

标准遗传算法的操作如下。

1）初始化种群。

2）计算适应度值。

3）判断是否满足终止条件。若满足条件，则程序结束；若不满足，则继续。

4）经过复制、交叉和变异产生下一代种群，返回第二步。

5）输出最优结果。

标准遗传算法的操作流程如图 5-17 所示。

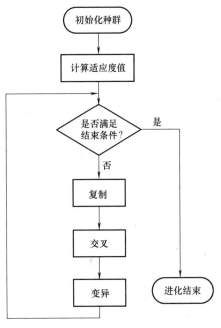

**图 5-17**　标准遗传算法的操作流程

# 第五节　基于遗传算法的移动机器人路径规划

## 一、设计路径编码方式

在 $xoy$ 平面内路径是由一系列点组成的，起始点 $S(x_0, y_0)$ 和目标点 $E(x_{m+1}, y_{m+1})$ 均为已知。采用浮点数编码，按机器人经过的顺序将路径点进行排序，同时，将路径点的 $x$ 坐标置于前部，$y$ 坐标置于尾部，则路径 $Path$ 的编码形式为

$$Path = [x_0, x_1, x_2, \cdots, x_m, x_{m+1}, y_0, y_1, y_2, \cdots, y_m, y_{m+1}] \quad (5-15)$$

## 二、产生初始种群

群体的大小是预先给定的常数 $N$。个体按随机方式产生，预先给定个体染色体的长度 $m + 2$，在整个空间内随机方式产生 $m$ 个点，将它们与起始点 $S$ 和目标点 $E$ 组成一条路径 $path = \{S, P_1, P_2, \cdots, P_{m-1}, P_m, E\}$。路径点的在整个地图范围内随机产生，可保证当机器人陷入局部极值时能够跳出陷阱。

### 三、建立综合适应度函数

适应度函数是影响遗传算法收敛性和稳定性的重要影响因素。机器人的移动路径必须避开障碍物才能成功接近目标。因此，路径的安全性是路径寻优最重要的影响因素。此外，还要考虑路径的长度，以节省时间和能量。本文综合考虑了这两个因素，建立了综合适应度函数，这样既能满足安全性要求又满足路程最短原则。这里建立的适应度函数包含如下两个部分。

（1）路径的安全性约束函数 为了衡量路径穿越障碍物区域的程度，从起始点开始，每隔一定长度取一个点，将它们作为检测点，通过如下的路径安全约束函数来计算这些检测点在障碍物内部的个数。

$$fit1(I) = \sum_{k=1}^{I_m} \xi_k \tag{5-16}$$

$$\xi_k = \begin{cases} 1, & (x_k, y_k) \text{在障碍物区域内} \\ 0, & (x_k, y_k) \text{不在障碍物区域内} \end{cases}$$

式中，$(x_k, y_k)$ 表示个体 $I$ 的第 $k$ 个检测点的坐标，$I_m$ 是第 $I$ 条路径的检测点个数，该函数计算的是每条路径的检测点在障碍物区域内的个数。可见，该函数值越小，则路径越安全。

（2）路径的长度约束函数 路径的长度约束函数为

$$fit2(I) = \sum_{k=0}^{m+1} d[(x_k, y_k), (x_{k+1}, y_{k+1})] \tag{5-17}$$

式中，$d[(x_k, y_k), (x_{k+1}, y_{k+1})]$ 表示点 $(x_k, y_k)$ 到点 $(x_{k+1}, y_{k+1})$ 的距离。该函数计算的是路径长度。因此，该函数值越小，路径越短。

遗传算法对适值函数虽然没有连续、可导的要求，但遗传算法是对适值函数的最大化寻优，因此需要将最小化目标函数转化为最大化适值函数，综合以上两个约束条件得到综合适应度函数为

$$fit(I) = -(\lambda_1 fit1(I) + \lambda_2 fit2(I)) \tag{5-18}$$

式中 $\lambda_1$、$\lambda_2$ 分别是路径安全和路径长度的权重。

此外，对于约束优化问题，需要检查候选解是否违背了约束条件，如果候选解违背了约束条件，就没有必要再耗费时间去计算不可行解的目标函数。因此，对不可行解进行约束条件违背程度的比较，并采用施加惩罚项将约束优化问题转为无约束优化的策略，上述路径的安全性约束函数 $\lambda_1 fit1(I)$ 就是惩罚项。

由式（5-17）知，适应度越大，路径性能越好。$\lambda_1$ 比 $\lambda_2$ 大很多可保证当路径中有路径点在障碍物内时，该路径的适应度很小。这样，可保证可行路径的适应度普遍比不可行路径的适应度大很多，进而增加较优路径被选择的概率，加快进化的速度。

### 四、设计遗传算子

针对动态环境的特点，因为环境变化剧烈，本代最好的路径的后代不一定变得更好，甚至有可能变成不可行路径，不可行路径的后代也可能变成可行路径。另外，为了加快算法收敛速度，采用优秀个体保护法，将新一代种群中的个体和上一代种群中的个体按适应度的大小排序，保留到当前为止找到的最优个体中。这样可以防止优秀个体由于交叉、变异中的偶然因素而被破坏掉。

所以遗传操作有选择操作、交叉操作、变异操作。

1）选择操作：从上一代个体和下一代新产生个体中选择最优的 $n$ 个个体，以保持种群规

模不变。

2）交叉操作：采用单点交叉操作，从种群中选择两个个体，随机选择一个交叉位置，两个个体互换交叉位置后的部分，产生两个新个体。

3）变异操作：随机选择一个位置，把该位置处的基因值用空间中的任意一个值替换。

这里用 Matlab 语言实现遗传算法，首先建立动态环境的神经网络模型，对其进行实验，图 5-18 和图 5-19 给出了实验结果。

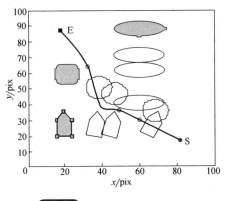

图 5-18　动态环境下的路径

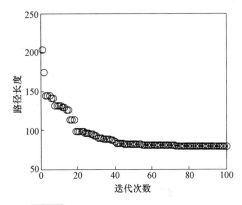

图 5-19　路径长度和迭代次数的关系

在图 5-18 中，五边形障碍物以 2pix/s 沿着 $x$ 轴，同时以 0.02rad/s 的角速度绕着自身中心运动；椭圆形障碍物以 -2pix/s 沿着 $y$ 轴，以 0.02rad/s 的角速度绕着自身中心运动；圆形障碍物以 $v_x = 1$pix/s，$v_y = -1$pix/s 运动。图中深色图形为各障碍物起点，"空心"图形为机器人运动到各点位时障碍物的位置。机器人的速度保持为 3pix/s。

图 5-19 是图 5-18 中规划的路径长度随遗传算法迭代次数的变化曲线。其中，种群规模是 20，路径中路径点数是 8 个。可见当迭代次数达到 40 代时路径已经收敛。

# Chapter 6

# 第六章

# 工业机器人传感器系统

人通过感官接收外界信息，机器人传感器就相当于人体的器官。工业机器人是否能具有良好智能，对外界做出正确、有效、及时的反映与传感器息息相关。通过学习工业机器人内部、外部传感器，能够识别各种类型的传感器，大致了解各种传感器的作用和工作原理，为工业机器人在生产线上集成应用打下基础。

## 第一节　工业机器人传感器概述

### 一、机器人与传感器

随着社会的进步和科技的发展，特别是随着智能制造和互联网时代的到来，现代信息技术得到广泛应用。现代信息技术的基础是信息采集、信息传输与信息处理，而传感器技术是构成现代信息技术三大支柱之一，负责信息采集过程。人们在利用信息的过程中，首先要获取信息，而传感器是获取信息的主要手段和途径。图 6-1 所示为现代信息技术三大支柱示意图。

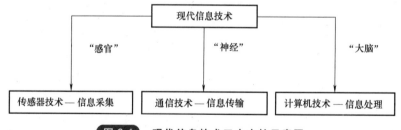

**图 6-1**　现代信息技术三大支柱示意图

研究机器人，首先从模仿人开始。通过观察人的劳动我们发现，人类是通过五种熟知的感官（视觉、听觉、嗅觉、味觉、触觉）接收外界信息的，这些信息通过神经传递给大脑，大脑对这些分散的信息进行加工、综合后发出行为指令，调动肌体（如手、足等）执行某些动作。如果希望机器人代替人类劳动，则发现大脑可与当今的计算机相当，肌体与机器人的机构本体（执行机构）相当，五官可与机器人的各种外部传感器相当。

机器人则是通过传感器得到感觉信息的。其中，传感器处于连接外界环境与机器人的接口位置，是机器人获取信息的窗口。要使机器人拥有智能，对环境变化做出反应，首先，必须使机器人具有感知环境的能力，用传感器采集信息是机器人智能化的第一步；其次，如何采取适当的方法，将多个传感器获取的环境信息加以综合处理，控制机器人进行智能作业，则是提高机器人智能程度的重要体现。因此，传感器及其信息处理系统，是构成机器人智能的重要部分，它为机器人智能作业提供基础。下面我们了解工业机器人的传感器部分。

## 二、工业机器人传感器的分类

工业机器人所要完成的工作任务不同，所配置的传感器类型和规格也就不相同。工业机器人传感器一般可分为内部传感器和外部传感器两大类，图 6-2 所示为传感器系统在工业机器人中的工作流程。

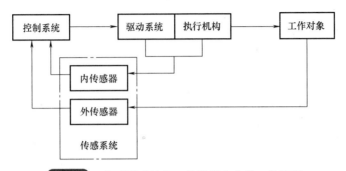

**图 6-2** 传感器系统在工业机器人中的工作流程

（1）内部传感器　用来确定机器人在其自身坐标系内的姿态位置，是完成机器人运动控制（驱动系统及执行机械）所必需的传感器，如用来测量位移、速度、加速度和应力的通用型传感器，是构成机器人不可缺少的基本元件。

（2）外部传感器　用来检测机器人所处环境、外部物体状态或机器人与外部物体（即工作对象）的关系，负责检验诸如距离、接近程度和接触程度等变量，便于机器人的引导及物体的识别和处理。常用的外部传感器有力觉传感器、触觉传感器、接近觉传感器、视觉传感器等。一些特殊领域应用的机器人还可能需要具有温度、湿度、压力、滑动量、化学性质等感觉能力方面的传感器。工业机器人传感器的分类如图 6-3 所示。

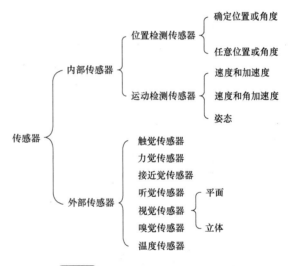

**图 6-3** 工业机器人传感器的分类

## 三、工业机器人传感器的一般要求

工业机器人用于执行各种加工任务，如物料搬运、装配、焊接、喷涂、检测等，不同的任务对工业机器人提出不同的要求。例如，搬运任务和装配任务对传感器要求主要是力觉、触觉和视觉；焊接任务、喷涂任务和检测任务对传感器要求主要是接近觉、视觉。不论哪一类工作任务，它们对工业机器人传感器的一般要求如下。

（1）精度高、重复性好　机器人传感器的精度直接影响机器人的工作质量，所以用于检测和控制机器人运动的传感器是控制机器人定位精度的基础，机器人是否能够准确无误地正常工作往往取决于传感器的测量精度。

（2）稳定性好，可靠性高　机器人经常在无人照管的条件下代替人工操作，万一它在工作中出现故障，轻则影响生产的正常进行，重则造成严重的事故，所以机器人传感器的稳定性和可靠性是保证机器人能够长期稳定可靠工作的必要条件。

（3）抗干扰能力强　机器人传感器的工作环境往往比较恶劣，故机器人传感器应当能够承受强电磁干扰、强振动，并能够在一定高温、高压、高污染环境中正常工作。

（4）重量轻、体积小、安装方便可靠　对于安装在机器人手臂等运动部件上的传感器，重量要轻，否则会加大运动部件的惯性，影响机器人的运动性能。对于工作空间受到某种限制的机器人，机器人传感器的体积和安装方向的要求也是必不可少的。

（5）价格便宜，安全性能好　传感器的价格直接影响到工业机器人的生产成本，传感器价格便宜可降低工业机器人的生产成本。另外，传感器在满足工业机器人控制要求外，应保证机器人安全工作而不损坏等要求及其他辅助性要求。

# 第二节　工业机器人内部传感器

## 一、位置传感器

位置感觉是机器人最基本的感觉要求，它可以通过多种传感器来实现，常用的机器人位置传感器有电阻式位移传感器、电容式位移传感器、电感式位移传感器、光电式位移传感器、霍尔元件位移传感器、磁栅式位移传感器以及机械式位移传感器等。机器人各关节和连杆的运动定位精度要求、重复精度要求以及运动范围要求是选择机器人位置传感器的基本依据。

典型的位置传感器是电位计（又称为电位差计或分压计），它由一个线绕电阻（或薄膜电阻）和一个滑动触点组成，其中滑动触点通过机械装置受被检测量的控制。当被检测的位置量发生变化时，滑动触点也产生了位移，于是使滑动触点与电位器各端之间的电阻和输出电压发生改变。根据输出电压的变化，可以检测出机器人各关节的位置和位移量。

如图 6-4 所示，在载有物体的工作台下面有一个与电阻接触的触头，当工作台左右移动时接触触头也随之左右移动，从而改变了与电阻接触的位置。其检测的是以电阻中心为基准位置的移动距离。

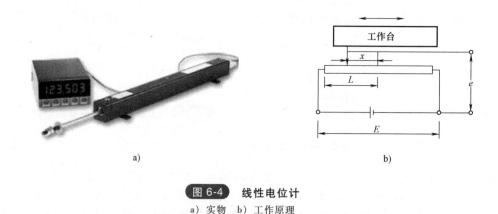

a)                                        b)

图 6-4　线性电位计

a）实物　b）工作原理

把图 6-4 所示的电阻元件弯成圆弧形，可动触头的另一端固定在圆心处，并像时针那样可以回转，由于电阻值长随相应的回转角而变化，基于这一原理可构成角度传感器，如图 6-5a 所示，其工作原理如图 6-5b 所示。

## 二、角度传感器

应用最多的旋转角度传感器是旋转编码器。旋转编码器又称为转轴编码器、回转编码器

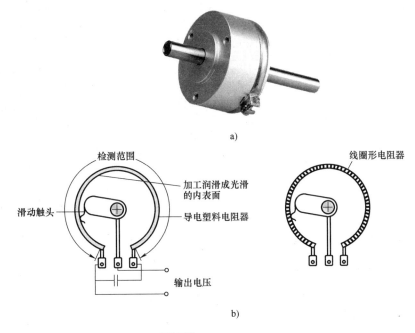

**图 6-5** 角度式电位传感器

a）实物　b）工作原理

等，它把作为连续输入轴的旋转角度同时进行离散化（样本化）和量化处理后予以输出。光学编码器是一种应用广泛的角度传感器，其分辨率完全能满足机器人技术要求。这种非接触型传感器可分为绝对型和增量型两种。

**1. 光学式绝对型旋转编码器**

图 6-6 所示为光学式绝对型旋转编码器的实物和工作原理，在输入轴上的旋转透明圆盘上，设置同心圆状的环带，对环带上的角度实施二进制编码，并将不透明条纹印制到环带上。

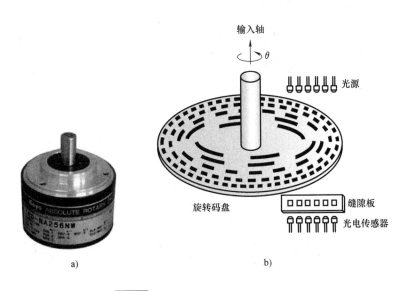

**图 6-6** 光学式绝对型旋转编码器

a）实物　b）工作原理

光学式绝对型旋转编码器的应用场合，可以用一个传感器检测角度和角速度。因为这种编码器的输出表示的是旋转角度的现时值，所以若对单位时间前的值进行记忆，并取它与现时值之间的差值，就可以求得角速度。

光学式绝对型旋转编码器旋转时，有与位置一一对应的代码（二进制、BCD 码等）输出。从代码大小的变更，即可判别正反方向和位移所处的位置，而无需判相电路。绝对型编码器有一个绝对零位代码，当停电或关机后，在开机重新测量时，仍可准确地读出停电或关机位置的代码，并准确找到零位代码。

选购光学式绝对型旋转编码器时，除了注明型号外，还要注明性能序号和分割数（或位数）。分割数（或位数）的选择可参照的公式为

$$分割数 = 360°/设计分辨率$$

所选择的光学式绝对型旋转编码器的输出码制和输出方式要与用户后部处理电路相对应。一般情况下，光学式绝对型旋转编码器的测量范围为 0°~360°，但特殊型号也可实现多圈测量。

### 2. 光学式增量型旋转编码器

在旋转圆盘上设置一条环带，将环带沿圆周方向分割成均匀等分，并用不透明的条纹印制到上面，把圆盘置于光线的照射下，透过去的光线用一个光传感器进行判读。因为圆盘每转过一定角度，光传感器的输出电压在 H(high level) 与 L(low level) 之间就会交替地进行转换，所以当把这个转换次数用计数器进行统计时，就能知道旋转的角度，如图 6-7 所示。

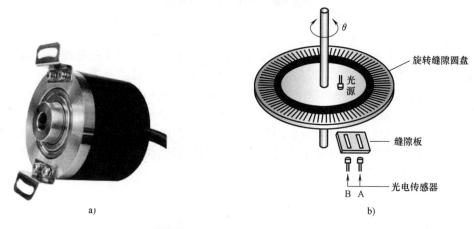

a)                                    b)

**图 6-7** 光学式增量型旋转编码器

a）实物　b）工作原理

由于这种方法不论在顺时针（CW）旋转时，还是在逆时针（CCW）旋转时，都同样会在 H 与 L 间交替转换，所以不能得到旋转方向。

因此，从一个条纹到下一个条纹可以作为一个周期，在相对于传感器（A）移动周期的位置上增加传感器（B），并提取输出量 B。于是，输出量 A 的时域波形与输出量 B 的时域波形在相位上相差周期，如图 6-8 所示。

通常情况下，顺时针（CW）旋转时，A 的变化比 B 的变化优先发生；而逆时针（CCW）旋转时，则情况相反，因此可以得知旋转方向。

在采用增量型旋转编码器的情况下，得到的是从角度的初始值开始检测到的角度变化，要想知道现在的角度，就必须利用其他方法来确定初始角度。

角度的分辨率由环带上缝隙条纹的个数决定。例如，在一圈 360° 内能形成 600 个缝隙条纹，就称其为 600P/r（脉冲/转）。

光学式增量型旋转编码器工作时，有相应的脉冲输出，其旋转方向的判别和脉冲数量的增减需要借助判相电路和计数器来实现。其计数点可任意设定，并可实现多圈的无限累加和测量；还可以把每转发出一个脉冲的 $Z$ 信号作为参考机械零位。当脉冲数已固定时，而需要提高分辨率，则可利用90°相位差 $A$、$B$ 两路信号对原脉冲进行倍频。

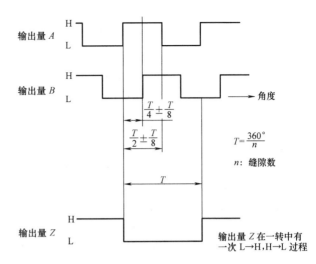

$$T = \frac{360°}{n}$$

$n$：缝隙数

输出量 $Z$ 在一转中有一次 L→H,H→L 过程

图 6-8　光学式增量型旋转编码器输出波形

选购光学式增量型旋转编码器时，要详细注明所选的型号、每转输出脉冲数、电源电压出线方式、信号输出方式，并注意所选型号的机械安装尺寸是否能满足实际要求。

每转输出脉冲数的多少应根据以下公式选择

$$每转输出脉冲数（P/r）= 360°/设计分辨率$$

在选择信号输出方式时，要注意与后部电路相匹配。如果选用长线驱动器输出方式时，应选用匹配的接收器，以便后部电路能够接受。

### 三、姿态传感器

姿态传感器是用来检测机器人与地面相对关系的传感器，当机器人被限制在工厂地面上时，没有必要安装姿态传感器，如大部分工业机器人。但是，当机器人脱离了这种限制，并且能够进行自由移动时，如移动机器人，安装姿态传感器就成为必然。

典型的姿态传感器是陀螺仪。陀螺仪是一种传感器，它是利用高速旋转物体（转子）经常保持其一定姿态的性质，转子通过一个支撑它的被称为万向接头的自由支持机构，安装在机器人上。图 6-9 所示为一个速率陀螺仪。

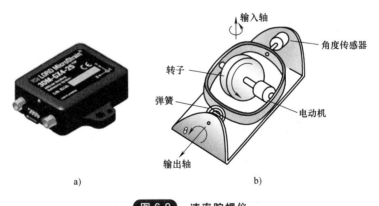

图 6-9　速率陀螺仪

a）实物　b）工作原理

当机器人围绕输入轴以某一角速度转动时，与输入轴正交的输出轴仅转过一定角度。由于速率陀螺仪中加装一个弹簧，将卸掉弹簧的陀螺仪称为速率积分陀螺仪。此时，输出轴以角速度旋转，而且此角速度与围绕输入轴的旋转角速度成正比。

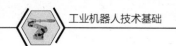 

## 第三节　工业机器人外部传感器

### 一、触觉传感器

工业机器人的触觉功能是感受接触、冲击、压迫等机械刺激，可以用在抓取时感知物体的形状、软硬等物理性质。一般地，把感知与外部直接接触而产生的接触觉、压觉、滑觉及力觉等传感器统称为触觉传感器，通过触觉传感器与被识别物体相接触或相互作用来完成对物体表面特征和物理性能的感知。目前还难以实现的材质感觉，如丝绸的皮肤触感，也会包含在触觉中。下面分别介绍这四种触觉传感器。

#### 1. 接触觉传感器

接触觉传感器安装在工业机器人的运动部件或末端执行器上，用以判断机器人部件是否与对象物体发生接触，以解决机器人运动的正确性，实现合理把握运动方向或防止发生碰撞等问题。接触觉传感器的输出信号通常是"0"或"1"，最经济实用的形式是各种微动开关。常用的微动开关由滑柱、弹簧、基板和引线构成，具有性能可靠、成本低、使用方便等特点。简单的接触式传感器以阵列形式排列组合成触觉传感器，它以特定次序向控制器发送接触和形状信息。图 6-10 所示为一种机械式接触觉传感器示例。

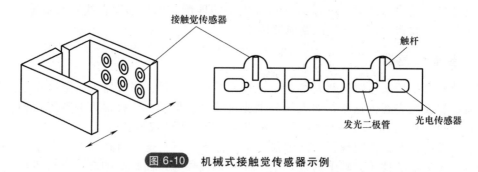

**图 6-10**　机械式接触觉传感器示例

接触觉传感器可以提供的物体信息如图 6-11 所示。当接触觉传感器与物体接触时，依据物体的形状和尺寸，不同的接触觉传感器将以不同的次序对接触做出不同的反应。控制器就利用这些信息来确定物体的大小和形状。图 6-11 中给出了三个分别接触立方体、圆柱体和不规则形状的物体的简单例子。每个物体都会使接触觉传感器产生一组唯一的特征信号，由此可确定接触的物体。

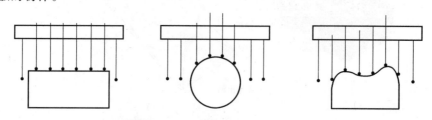

**图 6-11**　接触觉传感器提供的物体信息

#### 2. 压觉传感器

压觉是指用手指把持物体时感受到压力感觉，压觉传感器是接触觉传感器的延伸，机器人的压觉传感器安装在手爪上面，可以在把持物体时检测到物体与手爪间产生的压力及其分布情况。压觉传感器的原始输出信号是模拟量。压觉传感器类型很多，如压阻型、光电型、压电型、压敏型和压磁型等，其中常用的为压电传感器。压电元件是指某种物质上如施加压力就会产生电信号，即产生压电现象的元件。

压电现象的工作机理是在显示压电效果的物质上施力时，由于物质被压缩而产生极化作用（与压缩量成比例），如在两端接上外部电路，电流就会流过，所以通过检测这个电流就可构成压力传感器。压电元件可用在检测力和加速度的检测仪器上。把加速度输出通过电阻和电容构成积分电路可求得速度，再进一步把速度输出积分，就可求得移动距离，因此能够比较容易构成振动传感器。

如果把多个压电元件和弹簧排列成平面状，就可识别各处压力的大小以及压力的分布，由于压力分布可表示物体的形状，所以

图 6-12　机械手用压觉传感器抓取塑料吸管

也可用作识别物体。通过对压觉的巧妙控制，机器人即可抓取豆腐及鸡蛋等软物体，图 6-12 所示为机械手用压觉传感器抓取塑料吸管。

### 3. 滑觉传感器

机器人在抓取不知属性的物体时，其自身应能确定最佳握紧力的给定值。当握紧力不够时，要能检测被握紧物体的滑动，利用该检测信号，在不损害物体的前提下，考虑最可靠的夹持方法，实现此功能的传感器称为滑觉传感器。滑觉传感器主要用于检测物体接触面之间相对运动的大小和方向，判断是否握住物体及应该用多大的夹紧力等。机器人的握力应满足物体既不产生滑动而握力又为最小临界握力，如果能在刚开始滑动之后便立即检测出物体和手指间产生的相对位移，随即增加握力就能使滑动迅速停止，那么就可以用最小的临界握力抓住该物体。滑觉传感器有滚动式和球式两种，还有一种通过振动检测滑觉的传感器。

图 6-13 所示为贝尔格莱德大学研制的机器人专用滑觉传感器，它由一个金属球和触针组成，金属球表面有许多间隔排列的导电和绝缘小格；触针头很细，每次只能触及一个格。当工件滑动时，金属球也随之转动，在触针上输出脉冲信号。脉冲信号的频率反映了滑移速度，脉冲信号的个数对应滑移的距离。触头面积小于球面上露出的导体面积，它不仅可做得很小，而且检测灵敏。球与物体相接触，无论滑动方向如何，只要球一转动，传感器就会产生脉冲输出。该球体在冲击力作用下不转动，因此抗干扰能力强。

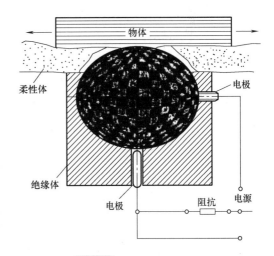

图 6-13　球形滑觉传感器

### 4. 力觉传感器

（1）力觉传感器的分类　力觉是指对机器人的指、肢和关节等运动中所受力的感知，用于感知夹持物体的状态；校正由于手臂变形引起的运动误差；保护机器人及零件不会损坏。所以力觉传感器对装配机器人具有重要意义，通常将机器人的力传感器分为关节力传感器、腕力传感器、指力传感器三类。

1）关节力传感器。这是一种安装在关节驱动器上的力传感器，它测量驱动器本身的输出

力和力矩，用于控制中的力反馈，这种传感器信息量单一，结构也比较简单，是一种专用的力传感器。

2）腕力传感器。这是一种安装在末端执行器和机器人最后一个关节之间的力传感器，它能直接测出作用在末端执行器上的各向力和力矩，从结构上来说，这是一种相对复杂的传感器，它能获得手爪三个方向的受力（力矩），信息量较多，又由于其安装部位在末端执行器和机器人手臂之间，比较容易形成通用化的产品系列。

3）指力传感器。这是一种安装在机器人手指关节上（或指上）的力传感器，它用来测量夹持物体时的受力情况。手（指）力传感器一般测量范围较小，同时受手爪尺寸和重量的限制，在结构上要求小巧，也是一种较专用的力传感器。

图 6-14 所示为一种安装在末端执行器上力觉传感器，它用来防止碰撞中的应用，机器人如果感知到压力，将发送信号，限制或停止机器人的运动。

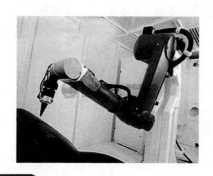

图 6-14　安装在末端执行器上的力觉传感器

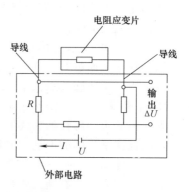

图 6-15　力觉传感器电桥电路

（2）力觉传感器的工作原理　力觉传感器主要使用的元件是电阻应变片。电阻应变片是利用金属丝拉伸时电阻变大的原理，如将它粘贴在加力的方向上，对电阻应变片在左右方向上加力，电阻应变片用导线接到外部电路上，可测定输出电压并计算出电阻值的变化，如图 6-15 所示。

机器人腕力传感器测量的是三个方向的力（力矩）。由于腕力传感器既是测量的载体又是传递力的环节，所以腕力传感器的结构一般为弹性结构梁，通过测量弹性体变形得到三个方向的力（力矩）。

目前高端工业机器人使用的腕力传感器是由日本大和制衡株式会社林纯一等人研制的改进型六维腕力传感器。它是一种整体轮辐式结构，传感器在十字架与轮缘连接处有一个柔性环节，因而简化了弹性体的受力模型（在受力分析时可简化为悬臂梁）。在四根交叉梁上总共贴有 32 个应变片（图中以小方块表示），组成 8 路全桥输出，六维力的获得必须通过解耦计算。这一传感器一般将十字交叉主杆与手臂连接件设计成弹性体变形限幅的形式，可以有效起到过载保护作用。图 6-16 所示为改进型六维腕力传感器。

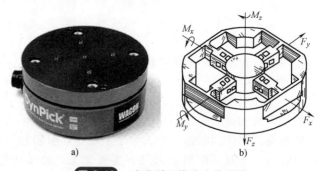

图 6-16　改进型六维腕力传感器
a）实物　b）结构原理

## 二、接近觉传感器

接近觉传感器是指机器人手接近对象物体的距离几毫米到十几厘米时，就能检测与对象物体的表面距离、斜度和表面状态的传感器。接近觉传感器采用非接触式测量元件，一般安装在工业机器人末端执行器上。其至少有两方面的作用：一是在接触到对象物体之前事先获得位置、形状等信息，为后续操作做好准备；二是提前发现障碍物，对机器人运动路径提前规划，以免发生碰撞。常见接近觉传感器可分为电磁式（感应电流式）、光电式（反射或透射式）、电容式、气压式和超声波式等形式。图 6-17 所示为各种接近觉传感器的感知物理量。

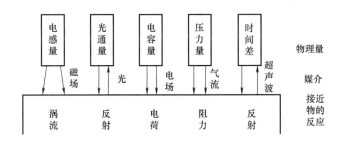

**图 6-17**　接近觉传感器的感知物理量

### 1. 电磁式接近觉传感器

图 6-18 所示为电磁式接近觉传感器，在线圈中通入高频电流，就产生磁场，这个磁场接近金属物体时，会在金属物体中产生感应电流，即涡流，涡流大小随对象物体表面的距离而变化，该涡流变化反作用于线圈，通过检测线圈的输出可反映出传感器与被接近金属间的距离。由于工业机器人的工作对象大多是金属部件，因此电磁式接近觉传感器的应用较广，在焊接机器人中可用它来探测焊缝。

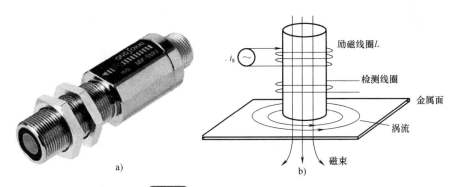

**图 6-18**　电磁式接近觉传感器

a）实物　b）工作原理

### 2. 光电式接近觉传感器

光电式接近觉传感器是把光信号（红外、可见及紫外镭射光）转变成为电信号的器件，它可用于检测直接引起光量变化的非电量，如光强、光照度、辐射测温、气体成分分析等；也可用来检测能转换成光量变化的其他非电量，如零件直径、表面粗糙度、应变、位移、振动、速度、加速度，以及物体的形状、工作状态的识别等。光电式接近觉传感器由光源和接收器两部分组成，光源可设置在内部，也可设置在外部，接收器能够感知光线的有无。发射器及接收器的配置准则是：发射器发出的光只有在物体接近时才能被接收器接收，除非能反射光的物体处在传感器作用范围内，否则接收器就接受不到光线，也就不能产生信号。图 6-19 所示为光电式接近觉传感器。这种传感器具有非接触性、响应快应、维修方便、测量精度高等特点，目前应用较多，但其信号处理较复杂，使用环境也受到一定限制。

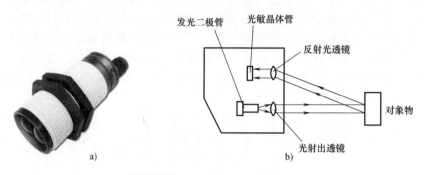

图 6-19　光电式接近觉传感器

a）实物　b）工作原理

### 3. 电容式接近觉传感器

电容式接近觉传感器可以检测任何固体和液体材料，外界物体靠近时这种传感器会引起电容量的变化，由此反映距离信息。如图 6-20 所示，电容式接近觉传感器本身作为一个极板，被接近物作为另一个极板，将该电容接入电桥电路或 RC 振荡电路，利用电容极板距离的变化产生电容的变化，可检测出与被接近物的距离。电容式接近觉传感器具有对物体的颜色、构造和表面都不敏感且实时性好等优点。

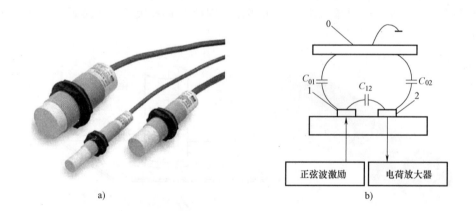

图 6-20　电容式接近觉传感器

a）实物　b）工作原理

0，1，2—极板

### 4. 气压式接近觉传感器

气压式接近觉传感器由一根细的喷嘴喷出气流，如果喷嘴靠近物体，则内部压力发生变化，这一变化可用压力计测量出来。只要物体存在，通过检测反作用力的方法可以检测气体喷流时的压力大小。如图 6-21 所示，在该机构中，气源送出一定压力 $p$ 的气流，离物体的距离 $x$ 越小，气流喷出的面积越窄小，气缸内的压力 $p$ 则增大。如果事先求出距离和压力的关系，即可根据压力 $p$ 测定距离。它可用于检测非金属物体，适用于测量微小间隙。

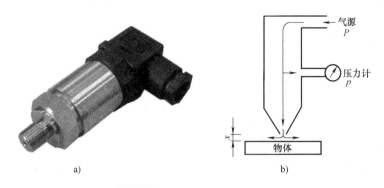

**图 6-21** 气压式接近觉传感器

a）实物 b）工作原理

#### 5. 超声波式接近觉传感器

超声波是指频率 20kHz 以上的电磁波，超声波的方向性较好，可定向传播。超声波式接近觉传感器适用于较远距离和较大物体的测量，与感应式和光电式接近觉传感器不同，这种传感器对物体材料和表面的依赖性较低，在机器人导航和避障中应用十分广泛。超声波接近觉传感器是由发射器和接收器构成的，几乎所有超声波接近觉传感器的发射器和接收器都是利用压电效应制成的。其中，发射器是利用给压电晶体加一个外加电场时，晶片将产生应变（压电逆效应）这一原理制成的；接收器的工作原理是，当给晶片加一个外力使其变形时，在晶体的两面会产生与应变量相当的电荷（压电正效应），若应变方向相反则产生电荷的极性反向。图 6-22b 所示为超声波发射接收器的结构。

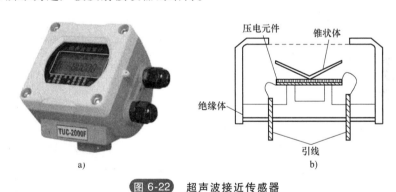

**图 6-22** 超声波接近传感器

a）实物 b）发射接收器结构

### 三、视觉系统

人类从外界获得的信息大多数是由眼睛获得的。人类视觉细胞的数量是听觉细胞的 3000 的倍，是皮肤感觉细胞的 100 多倍，如果要赋予机器人较高级的智能，机器人必须通过视觉系统更多地获取周围环境信息。视觉传感器是固态图像传感器（如 CCD、CMOS）呈像技术和 Framework 软件结合的产物，它可以识别条形码和任意 OCR 字符。图 6-23 所示为视

**图 6-23** 视觉传感器

觉传感器。

与传统的光电传感器相比，光电传感器包含一个光传感元件，而视觉传感器具有从一整幅图像捕获光线的数百万个像素的能力，以往需要多个光电传感器来完成多项特征的检验，现在可以用一个视觉传感器来检验多项特征，且具有检验面积大、目标位置准确、方向灵敏度高等特点，因此，视觉传感器在工业机器人中应用更为广泛。表 6-1 为工业机器人视觉系统的应用领域。

表 6-1 工业机器人视觉系统的应用领域

| 应用领域 | 功　能 | 图　例 |
|---|---|---|
| 识别 | 检测一维码、二维码，对光学字符进行识别与确认 | AutoVISION LOT 123456 DATE 04/201 VISION SIMPLIFI |
| 检测 | 色彩和瑕疵检测，部件有无的检测，以及目标位置和方向的检测 | |
| 测量 | 尺寸和容量检测，预设标记的测量，如孔位到孔位的距离 | |
| 引导 | 弧焊跟踪 | |
| 三维扫描 | 3D 成型 | |

目前，将近 80% 的工业视觉系统主要用在检测方面，包括用于提高生产效率、控制生产过程中的产品质量、采集产品数据等。工业机器人视觉自动化设备可以代替人工不知疲倦地

进行重复性工作，而且在一些不适合于人工作业的危险工作环境或人工视觉难以满足要求的场合，工业机器人视觉系统都可以替代人工视觉。图6-24所示为三维视觉传感器在零件检测中的应用。

工业机器人视觉系统是使机器人具有视觉感知功能的系统。机器人视觉系统通过图像和距离等传感器来获取环境对象的图像、颜色和距离等信息，然后传递给图像处理器，利用计算机从二维图像中理解和构造出三维模型。它可以通过视觉传感器获取环境的二维图像，并通过视觉处理器进行分析和解释，进而转换为符号，让机器人能够辨识物体，并确定位置。工业机器人的视觉

图 6-24　三维视觉传感器在零件检测中的应用

处理过程包括图像输入（获取）、图像处理和图像输出等几个阶段。图 6-25 所示为视觉系统的主要硬件组成。

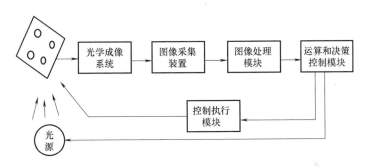

图 6-25　视觉系统的硬件组成

工业机器人的视觉系统包括视觉传感器、摄像机和光源控制、计算机、图像处理机、听觉传感器和安全传感器等部分。

**1. 视觉传感器**

视觉传感器是将景物的光信号转换成电信号的器件，主要是指利用照相机对目标图像信息进行收集与处理，然后计算出目标图像的特征，如位置、数量、形状等，并将数据和判断结果输出到传感器中。视觉传感器的主要组成有照相机、图像传感器等。其中图像传感器主要有两种，CCD 和 CMOS。这两种视觉传感器相比，CCD 成像品质较高，且具有一维图像摄成的线阵 CCD 和二维平面图像摄成的面阵 CCD，目前二维线性传感器的分辨率达到 6000 个像素以上，相比于普通光电传感器来讲，由于视觉传感器具有灵活性更高、检验范围更大、体积小和重量轻等特点，使视觉传感器在工业中的应用越来越广泛。

**2. 摄像机和光源控制**

机器人的视觉系统直接把景物转化成图像输入信号，因此取景部分应当能根据具体情况自动调节光圈的焦点，以便得到一张容易处理的图像，为此应能调节以下几个参量。

1）焦点能自动对准要观测的物体。

2）根据光线强弱自动调节光圈。

3）自动转动摄像机，使被摄物体位于视野中央。

4）根据目标物体的颜色选择滤光器。

此外，还应当调节光源的方向和强度，使目标物体能够看得更清楚。

### 3. 计算机

由视觉传感器得到的图像信息通过计算机存储和处理，根据各种目的输出处理结果，除了通过显示器显示图形之外，还可用打印机或绘图仪输出图像，且使用转换精度为 8 位的 A-D 的转换器就可以了。

### 4. 图像处理机

一般计算机都是串行运算的，要处理二维图像很费时间。在使用要求较高的场合，可以设置一种专用的图像处理机，以缩短计算时间。图像处理只是对图像数据做一些简单、重复的预处理，数据进入计算机后，再进行各种运算。

### 5. 听觉传感器

听觉传感器也是机器人的重要感觉器官之一。由于计算机技术及语音学的发展，现在已经实现用听觉传感器代替人耳，通过语音处理及识别技术识别讲话人，还能正确理解一些简单的语句。人用语言指挥机器人，比用键盘指挥机器人更方便。机器人对人发出的各种声音进行检测，执行向其发出的命令，如果是在危险时发出的声音，机器人还必须对此产生回避的行动。听觉传感器实际上就是麦克风。过去使用的基于各种各样原理的麦克风，现在则已经变成了小型、廉价且具有高性能的驻极体电容传声器。

在听觉系统中，最重要的是语音识别。在识别输入语音时，可以分为特定人说话方式及非特定人说话方式，而特定人说话方式的识别率比较高。为了便于存储标准语音波形及选配语音波形，需要对输入的语音波形频带进行适当的分割，将每个采样周期内各频带的语音特征能量抽取出来。

### 6. 安全传感器

安全传感器是指能感受（或响应）规定的被测量并按照一定规律转换成可用信号输出的器件或装置，它由直接响应于被测量的敏感元件和产生可用信号输出的转换元件以及相应的电子电路所组成。这种符合安全标准的传感器称为安全传感器，图 6-26 所示为安全传感器系统应用示意图。安全传感器产品分为安全开关、安全光栅、安全门系统等几种。想让工业机器人与人进行协作，首先要保证作业人员的安全，从摄像头到激光等，目的只有一个，就是告诉机器人周围的状况，最简单的例子就是电梯门上的激光安全传感器，当激光检测到障碍物时，门会立即停止并倒退，以避免碰撞。

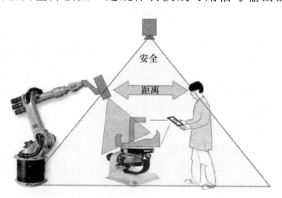

图 6-26 安全传感器系统应用示意图

# 第七章

## Chapter 7

# 机器人语言与编程

伴随着机器人的发展，机器人语言也得到了发展和完善，机器人语言已经成为机器人技术的一个重要组成部分。机器人的功能除了依靠机器人的硬件支撑以外，相当一部分是靠机器人语言来完成的。早期的机器人由于功能单一，动作简单，可采用固定程序或者示教方式来控制机器人的运动。随着机器人作业动作的多样化和作业环境的复杂化，依靠固定的程序或示教方式已经满足不了要求，必须依靠能适应作业和环境随时变化的机器人语言编程来完成机器人工作。

机器人语言通过符号来描述机器人动作的方法。通过使用机器人语言，操作者对动作进行描述，进而完成各种操作意图。

机器人编程技术正在迅速发展，已成为机器人技术智能化发展的关键技术之一。尤其令人注目的是机器人离线编程（Off-line programming）系统。

## 第一节　机器人对编程的要求与语言类型

### 一、机器人语言概述

自从第一台机器人问世以来，就开始对机器人语言进行研究，1973 年，Stanford 人工智能实验室研究和开发了第一种机器人语言——WAVE 语言，WAVE 语言具有动作描述，配合视觉传感器，进行手眼协调控制功能，1974 年，该实验室在 WAVE 语言的基础上开发了 AL 语言，这是一种编辑形式的语言，具有 ALGOL 语言的结构，可控制多台机器人协调动作。AL 对后来的机器人语言的发展有很大影响。

1979 年，美国 Unirnation 公司开发了 VAL 语言，并配置在 PUMA 系列机器人上，成为实用的机器人语言。VAL 语言类似于 Basic 语言，语句结构比较简单，易于编程。1984 年该公司推出了 VAL Ⅱ语言，与 AML 语言相比 VAL 增加了利用传感器信息进行运动控制、通信和数据处理等功能。

美国 IBM 公司在 1975 年研制了 ML 语言，并用于机器人装配作业。接着该公司又推出了 AUTOPASS 语言，这是一种比较高级的机器人语言，它可以对几何模型类任务进行半自动编程。后来 IBM 公司又推出了 AML 语言，AML 语言目前作为商品化产品用于 IBM 机器人的控制。

其他机器人语言有：MIT 的 LAMA 语言，这是一种用于自动装配的机器人语言，美国 Automatix 公司的 RAIL 语言，它具有与 Pascal 语言相似的形式，机器人语言的发展过程如图 7-1 所示。

### 二、机器人对编程的要求

机器人的机构和运动均与一般机械不同，因而其程序设计也具有特色，这里对机器人程

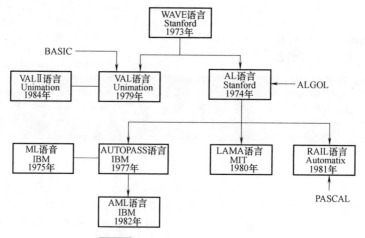

图 7-1　机器人语言的发展过程

序设计提出了以下特别要求。

### 1. 能够建立外部世界模型（World model）

在进行机器人编程时，需要一种描述物体在三维空间内运动的方式。因此，需要给机器人及其相关物体建立一个基础坐标系。这个坐标系与大地相连，也称为"世界坐标系"。

机器人工作时，为了方便起见，也建立其他坐标系，同时建立这些坐标系与基础坐标系的变换关系。

机器人程序是描述三维空间中运动物体的，因此机器人语言应具有外部世界的建模功能。

机器人编程系统应具有在各种坐标系下描述物体位姿的能力和建模功能，只有具备了外部世界模型的信息，机器人程序才能完成给定的任务。

在许多机器人语言中，规定各种几何体的命名变量，并在程序中访问它们，这种能力构成了外部世界建模的基础，如 AUTOPASS 语言，用一个称为 GDP（几何设计处理器）的建模系统给物体建模，该系统用过程表达式来描述物体。其基本思想是：每个物体都用一个过程名和一组参数来表示，物体形状以调用描述几何物体和集合运算的过程来实现。

GDP 提供了一组简单的物体，它们是长方体、圆柱体、圆锥体、半球体和其他形式的旋转体等。这些简单物体在系统内部表示为由点、线、面组成的表。这些表用来描述物体的几何信息和拓扑信息，如 CALL SOLID（CUBOID，Block，xlen，ylen，zlen），即调用过程 SOLID 来定义一个具有尺寸为 xlen，ylen，zlen，名称为"Block"的长方盒。

另外，外部世界建模系统要有物体之间的关联性概念。也就是说，如果有两个或更多物体固联在一起，并且以后一直固联在一起，则用一条语言控制一个物体，任何依附在其上的物体也要跟着运动。AL 语言有一种称为 AFFIX 的连接关系，它可以把一个坐标系连接到另一个坐标系上，相当于物理上把一个零件连接到另一个零件上，如果其中有一个零件发生移动，那么与它相连的其他零件也将移动，如语句 AFFIX pump TO pump-base 执行后，即表明 pump-base 今后的运动将引起 pump 做同样的运动，即两者一起运动。

### 2. 能够描述机器人的作业

机器人作业的描述与其环境模型密切相关，编程语言水平决定了描述水平。其中以自然语言输入为最高水平。现有的机器人语言需要给出作业顺序，由语法和词法定义输入语言，并由它描述整个作业。

装配作业可以描述为世界模型的一系列状态，这些状态可用工作空间中所有物体的形态给定，说明形态的一种方法是利用物体之间的空间关系，如图 7-2 所示的积木世界。若定义空间关系 AGAINST 表示两表面彼此接触，这样就可以用表 7-1 中的语句描述图 7-2 所示的两种情况。如果假定 A 是初始状态，B 是目标状态，那么就可以用它们表示抓起第三块积木并把它放在第二块积木顶上的作业。如果状态 A 是目标状态，而状态 B 是初始状态，那么它们表示的作业是从叠在一起的积木块上挪走第三块积木并把它放在桌子上。使用这类方法表示作业的优点是人们容易理解，并且容易说明和修改。然而，这种方法的缺点是没有提供操作所需要的全部信息。

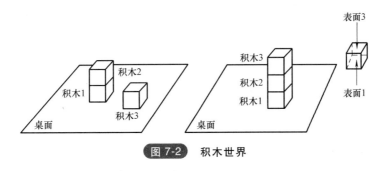

图 7-2　积木世界

表 7-1　积木世界的状态描述

| 状态 A | 状态 B |
|---|---|
| （Block1—face1　AGAINST Table） | （Block1—face1　AGAINST Table） |
| （Block1—face1　AGAINST Block2-face1） | （Block1—face3　AGAINST Block2—face1） |
| （Block3—face1　AGAINST Table） | （Block2—face3　AGAINST Block3—face1） |

### 3. 能够描述机器人的运动

描述机器人需要进行的运动是机器人编程语言的基本功能之一。用户能够运用语言中的运动语句，与路径规划器和发生器连接，允许用户规定路径上的点及目标点，决定是否采用点插补运动或笛卡尔直线运动。用户还可以控制运动速度或运动持续时间。

### 4. 允许用户规定执行流程

同一般的计算机编程语言一样，机器人编程系统允许用户规定执行流程，包括试验、转移、循环、调用子程序以至中断等。

对于许多计算机应用，并行处理对于自动工作站是十分重要的。首先，一个工作站常常运用两台或多台机器人同时工作以减少过程周期。在单台机器人的情况，工作站的其他设备也需要机器人控制器以并行方式控制。因此，在机器人编程语言中常常含有信号和等待等基本语句或指令，而且往往提供比较复杂的并行执行结构。

通常需要用某种传感器来监控不同的过程。然后，通过中断或登记通信，机器人系统能够反应由传感器检测到的一些事件。有些机器人语言提供规定这种事件的监控器。

### 5. 要有良好的编程环境

如同任何计算机一样，一个好的编程环境有助于提高程序员的工作效率。机械手的程序编制是困难的，其编程趋向于试探对话式。如果用户忙于应付连续重复的编译语言的编辑—编译—执行循环，那么其工作效率必然是很低的。因此，现在大多数机器人编程语言含有中断功能，以便能够在程序开发和调试过程中每次只执行一条单独语句。典型的编程支撑和文件系统也是需要的。

根据机器人编程特点，其支撑软件应具有在线修改和立即重新启动、传感器的输出和程序追踪、仿真等功能。

### 6. 需要人机接口和综合传感器信号

在编程和作业过程中，应便于人与机器人之间进行信息交换，以便在运动出现故障时能及时处理，确保安全。而且，随着作业环境和作业内容复杂程度的增加，需要有功能强大的人机接口。

机器人语言的一个极其重要的部分是与传感器的相互作用。语言系统应能提供一般的决策结构，如"if…then…else""else…""do…until…"和"while…do"等，以便根据传感器的信息来控制程序的流程。

在机器人编程中，传感器的类型一般分为三类。

（1）位置检测。用来测量机器人当前的位置，一般由编码器来实现。

（2）力觉和触觉。用来检测空间中物体的存在。力觉是为力控制提供反馈信息，触觉用于检测抓起物体后的滑移。

（3）视觉。用于识别物体，确定它们的方位。

如何对传感器的信息进行综合，各种机器人语言都有它自己的句法，AL 语言为力觉提供了 FORCE （axis）h 和 TORQUE （axis）语句等。在控制命令中，可以把它们规定为条件，如

MOVE barm TO A

ON FORCE(z)>=100 * GM DO

STOP；

即让机器人运动到达目标点 A，如果在运动过程中，轴受力大于或等于100g，则立即停止。

一般传感器信息主要用途是启动或结束一个动作。例如，在传送带上达到的零件可以切断光电传感器，启动机器人拾取这个零件，如果出现异常情况，就结束动作。目前大多数语言不能直接支持视觉，用户必须有处理视觉信息的模块。

各种机器人编程语言具有不同的设计特点，它们是由许多因素决定的。这些因素包括如下内容。

（1）语言模式，如文本、清单等。

（2）语言型式，如子程序、新语言等。

（3）几何学数据形式，如坐标系、关节转角、矢量变换、旋转以及路径等。

（4）旋转矩阵的规定与表示，如旋转矩阵、矢量角、四元数组、欧拉角以及滚动、偏航、仰俯角等。

（5）控制多个机械手的能力。

（6）控制结构，如状态标记等。

（7）控制模式，如位置、偏移力、柔顺运动、视觉伺服、传送带及物体跟踪等。

（8）运动形式，如两点间的坐标关系、两点间的直线、连接几个点、连续路径和隐式几何图形（如圆周）等。

（9）信号线，如二进制输入输出、模拟输入输出等。

（10）传感器接口，如视觉力觉、接近度传感器和限位开关等。

（11）支援模块，如文件编辑程序、文件系统、解释程序、模拟程序宏程序、指令文件、分段联机及 HELP 功能等。

（12）调试性能，如信号分级变化、中断点和自动记录等。

## 三、机器人编程语言的类型

机器人语言尽管有很多分类方法，但根据作业描述水平的高低，通常可分为三级：动作级、对象级和任务级。

### 1. 动作级编程语言

动作级编程语言是以机器人的运动作为描述中心，通常由指挥夹手从一个位置到另一个位置的一系列命令组成。动作级编程语言的每一个命令（指令）对应于一个动作。如可以定义机器人的运动序列（MOVE），其基本语句形式为 MOVE TO。动作级编程语言的代表是 VAL 语言，它的语句比较简单，易于编程。动作级编程语言的缺点是不能进行复杂的数学运算，也不能接受复杂的传感器信息，仅能接受传感器的开关信号，并且和其他计算机的通信能力很差。VAL 语言不提供浮点数或字符串，而且子程序不含自变量。

动作级编程又可分为关节级编程和终端执行器编程两种。关节级编程给出机器人各关节位移的时间序列；终端执行器级编程是一种在作业空间内直角坐标系里工作的编程方法。

### 2. 对象级编程语言

对象级编程语言解决了动作级编程语言的不足，它是描述操作物体间关系并使机器人动作的语言，即是以描述操作物体之间的关系为中心的语言，这类语言有 AML、AUTOPASS 语言等。

AUTOPASS 语言是一种用于计算机控制下进行机械零件装配的自动编程系统，这一编程系统面对作业对象及装配操作而不直接面对装配机器人的运动。

### 3. 任务级编程语言

任务级编程语言是一种比较高级的机器人语言，这类语言允许使用者对工作任务所要求达到的目标直接下命令，不需要规定机器人所做的每一个动作的细节。只要按照某种原则给出最初的环境模型和最终的工作状态，机器人可自动进行推理、计算，最后自动生成动作。任务级编程语言的概念类似于人工智能中程序自动生成的概念。任务级机器人编程系统能够自动执行许多规划任务。

## 第二节 机器人语言系统结构和基本功能

机器人语言是在人与机器人之间的一种记录信息或交换信息的程序语言，它提供了一种方式来解决人-机通信问题，它是一种专用语言，用符号描述机器人的动作。机器人编程语言具有一般程序计算语言所具有的特性。

机器人语言具有实时系统、三维空间的运动系统、良好的人机接口和实际的运动系统四方面的特征。

### 一、机器人语言系统的结构

机器人语言实际上是一个语言系统，机器人语言系统既包含语言本身——给出作业指示和动作指示，同时又包含处理系统——根据上述指示来控制机器人系统。机器人语言系统能够支持机器人编程、控制，以及与外围设备、传感器和机器人接口，同时还支持与计算机系统间进行通信。

机器人语言系统的结构包括三个基本的操作状态，即监控状态、编辑状态、执行状态，如图 7-3 所示。

（1）监控状态 用于整个系统的监督与控制，操作者可以用示教盒定义机器人在空间中的位置，设置机器人的运动速度，存储和调出程序等。

（2）编辑状态 提供操作者编制或编辑程序，一般都包括写入指令、修改或删去指令以及插入指令等。

（3）执行状态 用来执行机器人程序。在执行状态，机器人执行程序的每一条指令，都是经过调试的，不允许执行有错误的程序。

和计算机语言类似，机器人语言程序可以编译，把机器人源程序转换成机器码，以便机器人控制柜能直接读取和执行。经过编译后的程序，机器人的运行速度将大大加快。

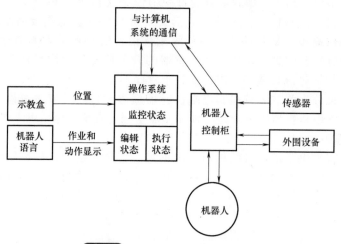

图 7-3　机器人语言系统的结构

## 二、机器人编程语言的基本功能

任务程序员能够指挥机器人系统去完成的分立单一运作就是基本程序功能，例如，把工具移动到某一指定位置，操作末端执行装置，或者从传感器或人工输入装置读个数等。机器人工作站系统程序员的责任是选用一套对作业程序员工作最有用的基本功能，这些基本功能包括运算、决策、通信、机械手运动、工具指令及传感器数据处理等。许多正在运行的机器人系统，只提供机械手运动和工具指令以及某些简单的传感数据处理功能。

### 1. 运算

对于装有传感器的机器人所进行的最有用的运算是解析几何计算。这些运算结果能使机器人自行做出决定，在下一步把工具或夹手置于何处。用于解析几何运算的计算工具可能包括下列内容。

1）机械手解答及逆解答。

2）坐标运算和位置表示，如相对位置的构成、坐标的变化等。

3）矢量运算，如点积、交积、长度、单位矢量、比例尺以及矢量的线性组合等。

### 2. 决策

机器人系统能够根据传感器输入信息做出决策，而不必执行任何运算。按照未处理的传感器数据进行计算并获得结果，是做出下一步相关决策的基础。这种决策能力使机器人控制系统的功能更加强劲。

### 3. 通信

机器人系统与操作人员之间的通信能力，允许机器人要求操作人员提供信息、告诉操作者下一步该干什么，以及让操作者知道机器人打算干什么。人和机器能够通过许多不同方式进行通信。

### 4. 机械手运动

可用许多不同方法来规定机械手的运动。最简单的方法是向各关节伺服装置提供一组关节位置，然后等待伺服装置到达这些规定位置。比较复杂的方法是在机械手工作空间内插入一些中间位置。这种程序使所有关节同时开始运动和同时停止运动。用与机械手的形状无关的坐标来表示工具位置是更先进的方法，而且（除 *X-Y-Z* 机械手外）需要用一台计算机对解答进行计算。在笛卡尔空间内插入工具位置能使工具端点沿着路径跟随轨迹平滑运动。引入一个参考坐标系，用以描述工具位置，然后让该坐标系运动。这对许多情况是很方便的。

### 5．工具指令

一个工具控制指令通常是由闭合某个开关或继电器而开始触发的，而继电器又可能把电源接通或断开，以直接控制工具运动，或者送出一个小功率信号给电子控制器，让后者去控制工具。直接控制是最简单的方法，而且对控制系统的要求也较少。可以用传感器来感受工具运动及其功能的执行情况。

### 6．传感数据处理

用于机械手控制的通用计算机只有与传感器连接起来，才能发挥其全部效用。我们已经知道，传感器具有多种形式。此外，我们按照功能，把传感器概括如下。

1）内部感受器用于感受机械手或其他由计算机控制的关节式机构的位置。

2）触觉传感器用于感受工具与物体（工件）间的实际接触情况。

3）接近度或距离传感器用于感受工具到工件或障碍物的距离。

4）力和力矩传感器用于感受装配（如把销钉插入孔内）时所产生的力和力矩。

5）视觉传感器用于"看见"工作空间内的物体，确定物体的位置或（和）识别它们的形状等。

传感数据处理是许多机器人程序编制的十分重要而又复杂的组成部分。

## 三、机器人语言的有关问题

### 1．实际模型和内部模型的误差

机器人语言系统的一个特点是在计算机中建立起机器人环境模型，因此，要做到内部模型和实际模型完全一致是非常困难的。两个模型间的差异，常会导致机器人工作时不能到位，以及发生碰撞等问题。

为此，一般在程序的初始阶段，要建立起实际模型和内部模型的一致性，并在执行的过程中保持这种一致性。由于机器人的工作环境是变化的，因此，要做到两者一致是非常困难的。另外，除了环境物的位置不能准确确定外，机器人本身也存在有误差，对机器人的精度要求往往比它能达到的高得多，并且控制精度在机器人工作空间里是变化的，这样就给保持实际模型和内部模型间的一致性带来了很大的困难。

### 2．程序前后衔接的敏感性

在使用计算机语言进行编程时，可以先编制一些小的程序段，然后拼接在一起形成一个完整的程序；然而在机器人语言编程时，单独调试能够可靠工作的小程序段，但嵌入大程序中进行执行时往往失效，这是由于机器人语言编程时，受机器人的位姿和运动速度的影响比较大。

机器人程序对于初始条件，例如机械手的初始位置很敏感。初始位置影响运动轨迹，同时也会影响机械手在某一运动部分的速度。可以看出，机器人程序前后语句有很大的依赖关系。受机器人精度的影响，在某一地点为完成某一种操作而编制的程序段，当用于另一个不同地点进行同一种操作时，常常需要做适当的调整。

在调试机器人程序时，比较稳妥的方法是让机器人缓慢地运动，这样可以在机器人运动出现失误（如碰撞）时，能够及时停止运动，避免发生危险。因为机器人控制系统在高速情况下会产生较大的伺服误差。

### 3．误差的探测与校正

处理实际环境的另一个问题是，物体没有精确地处在规定的位置上，从而使一些运动失效。机器人编程时应考虑到这个问题，所以，机器人编程的一个重要方面是如何对这些误差进行探测和校正。

进行误差校正的前提是首先要探测误差。由于机器人感觉和推理能力十分有限，所以要有效地检测误差常常是很困难的。为了检测误差，机器人程序应包括一些直观的测试。例如，在进行一个插入动作时，机器人位置不变化可能表示卡住，位置变化太大可能表明销钉已从手爪中滑脱了。

机器人程序中的每一条语句都存在失效的可能性，但直观的检查可能会非常繁杂，而且会比程序的其他部分占用更多的语句空间。通常只对最有可能失效的语句进行直观的检查，在程序编制阶段，确定程序中那些语句可能会失效，对这些语句可进行人机对话和局部测试。

一旦检测出误差，就要对误差进行校正。误差校正可以依靠编程来实现，或者依靠用户进行人工干预，也可以两者结合进行综合校正，显而易见，如何编程来校正误差，是机器人程序中很重要的一部分。

## 第三节　常用机器人编程语言

各家工业机器人公司的机器人编程语言都是不同的，即都有自己的编程语言。但是，不论它们之间的编程语言变化有多大，其关键特性都是相似的。下面举例介绍几种常用的机器人专用编程语言。

### 一、VAL 语言

#### 1. VAL 语言及其特点

VAL 语言是美国 Unimation 公司于 1979 年推出的一种机器人编程语言，主要配置在 PUMA 和 UNIMATION 等型机器人上，是一种专用的动作类描述语言。

（1）VAL 语言系统　VAL 语言系统包括文本编辑、系统命令和编程语言三个部分。在文本编辑状态下可以通过键盘输入文本程序，也可通过示教盒在示教方式下输入文本程序。系统命令包括位置定义、程序和数据列表、程序和数据存储、系统状态设置和控制、系统开关控制、系统诊断和修改。编程语言则把一条条程序语句转换执行。

（2）VAL 语言的主要特点

1）编程方法和全部指令可用于多种计算机控制的机器人。

2）指令简明，指令语句由指令符及数字组成，实时及离线编程均可应用。

3）指令及功能均可扩展，可用于装配线及制造过程控制。

4）可调用子程序组成复杂操作控制。

5）可连续实时计算，迅速实现复杂运动控制；能连续产生机器人控制指令，同时实现人机交互。

#### 2. VAL 语言的指令

VAL 语言包括监控指令和程序指令两种。

（1）监控指令

1）位置及姿态定义指令。

① POINT 指令：执行终端位置、姿态的齐次变换或以关节位置表示的精确点位赋值。它的指令格式为

POINT <变量>[ =<变量 2>…<变量 n>]　　或 POINT <精确点>[ =<精确点 2>]

② DPOINT 指令：删除包括精确点或变量在内的任意数量的位置变量。

③ HERE 指令：使变量或精确点的值等于当前机器人的位置。

④ WHERE 指令：显示机器人在直角坐标空间中的当前位置和关节变量值。

⑤ BASE 指令：用来设置参考坐标系，系统规定参考系原点在关节 1 和 2 轴线的交点处，方向沿固定轴的方向。

2）程序编辑指令。

EDIT 指令：此指令允许用户建立或修改一个指定名字的程序，可以指定被编辑程序的起始行号。其指令格式为：

EDIT［<程序名>］,［<行号>］

用 EDIT 指令进入编辑状态后，可以用 C、D、E、I、L、P、R、S、T 等命令来进一步编辑。

① C 命令：改变编辑的程序，用一个新的程序来代替。

② D 命令：删除从当前行算起的 n 行程序，n 缺省时为删除当前行。

③ E 命令：退出编辑并返回监控模式。

④ I 命令：将当前指令下移一行，以便插入另一条指令。

⑤ P 命令：显示从当前行往下 n 行的程序文本内容。

⑥ T 命令：初始化关节插值程序示教模式，在该模式下，按一次示教盒上的"RECODE"按钮就将 MOVE 指令插入到程序中。

3）列表指令。

① DIRECTORY 指令：显示存储器中的全部用户程序名。

② LISTL 指令：显示任意位置变量值。

③ LISTP 指令：显示任意用户的全部程序。

4）存储指令。

① FORMAT 指令：执行磁盘格式化。

② STOREP 指令：在指定的磁盘文件内存储指定的程序。

③ STOREL 指令：存储用户程序中注明的全部位置变量名和变量值。

④ LISTF 指令：显示软盘中当前输入的文件目录。

⑤ LOADP 指令：将文件中的程序送入内存。

⑥ LOADL 指令：将文件中指定的位置变量送入系统内存。

⑦ DELETE 指令：撤销磁盘中指定的文件。

⑧ COMPRESS 指令：只用来压缩磁盘空间。

⑨ ERASE 指令：擦除磁盘内容并初始化。

5）控制程序执行指令。

① ABORT 指令：执行此指令后紧急停止（紧停）。

② DO 指令：执行单步指令。

③ EXECUTE 指令：执行用户指定的程序 n 次，n 可以从 −32768 到 32767，当 n 被省略时，程序执行一次。

④ NEXT 指令：此指令控制程序在单步方式下执行。

⑤ PROCEED 指令：实现在某一步暂停、急停或运行错误后，自下一步起继续执行。

⑥ RETRY 指令：在某一步出现运行错误后，仍从那一步开始重新运行程序。

⑦ SPEED 指令：指定程序控制下机器人的运动速度，其值从 0.01 ~ 327.67，一般正常速度为 100。

6）系统状态控制指令。

① CALIB 指令：校准关节位置传感器。

② STATUS 指令：显示用户程序的状态。

③ FREE 指令：显示当前未使用的存储容量。

④ ENABL 指令：开启或关闭系统硬件。

⑤ ZERO 指令：清除全部用户程序和定义的位置，重新初始化。

⑥ DONE：停止监控程序，进入硬件调试状态。

（2）程序指令

1）运动指令。描述基本运动的指令包括 GO、MOVE、MOVEI、MOVES、DRAW、APPRO、APPROS、DEPART、DRIVE、READY、OPEN、OPENI、CLOSE、CLOSEI、RELAX、GRASP 及 DELAY 等。

MOVE（loc）指令：关节插补运动。

MOVES（loc）指令：笛卡尔直线运动。

可以在运动过程中进行手爪的控制，如

MOVESTPI，75

该指令产生从目前位置到 PI 点的关节插补运动，并在运动过程中手爪打开 75mm，即运动控制和手爪控制可在一条指令中。

DRIVE 指令：进行单独轴的运动控制，如

DRIVE 4，-62.5，75

该指令表示第 4 个关节以标准速度的 75%，朝负方向转动 62.5°。

类似地，可控制笛卡尔空间内的相对运动，其形式为 DRAW（dx），（dy），（dz），如 DRAW 20，10 表示相对于目前位置朝 X 方向运动 20mm，朝 Y 方向运动 10mm。

VAL 语言具有接近点和退避点的自动生成功能，如

APPRO （loc）（dist）

该指令表示终端从当前位置以关节插补方式移动到与目标点（loc）在 Z 方向上相隔一定距离（dist）处。

APPROS （loc）（dist）指令：含义同 APPRO 指令，但终端移动方式为直线运动。

DEPARTS （dist）指令：表示终端从当前位置以关节插补形式在 Z 方向移动一段距离（dist）。

DEPARTS（dist）指令：含义同 DEPART，但移动方式为直线运动。

WEAVE 指令：可使机器人产生锯齿形式的运动，如

WEAVE 25，5，2

MOVES （los）

该指令产生锯齿运动，其中距离为 25mm，循环周期为 5s，在停止点（锯齿的尖部）停留时间为 2s。WEAVE 指令使用时，要配合 MOVE 或者 MOVES 指令一起执行。

2）手爪控制指令

① OPEN 和 CLOSE 指令：分别使手爪全部张开和全部闭合，并在机器人下个运动过程执行。指令 OPENI 和 CLOSEI 表示立即执行，执行完后，再转下一个指令。

② GRASP 指令：使手爪立即闭合，并检查最后的开启量是否满足给定的要求，如

GRASP12.7，120

该指令是使手爪立即闭合，并检查最后的开启量是否小于 12.7mm，如果满足该条件，则程序转到标号为 120 的语句执行。可以看出，GRASP 语句提供了检查手爪是否抓住了物体并确保手爪和物体良好接触的一个有效方法。

3）程序控制指令。GOTO

（label）指令：无条件转移。条件转移的指令框图如图 7-4 所示。在图 7-4 中，EQ 表示等于，NE 表示不等于，LT 表示小于，GT 表示大于，LE 表示小于或等于，GE 表示大于或等于。

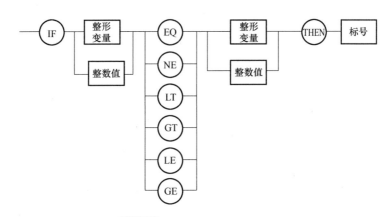

图 7-4　条件转移的指令框图

GOSUB（programe）指令：调用子程序。

通过测试与外面联系的通道（ch）的信号，进行程序控制的语句有

IFSIG（ch）［（ch）］［（ch）］THEN（label）

测试与外界联系的通道（ch）的信号，当（ch）为高电平时，转向称号为（label）的语句，即

REACT（ch）［（prog）］［ALWAYS］

启动指令通道的信息监测器、当输入信号符合指令条件时，等待当前执行指令结束，一结束就转入（prog）指定的子程序。

REACTI（ch）［（prog）］［ALWAYS］

条件成立时，不等当前指令结束马上转入（prog），SIGNAL 指令用来设置输出信号的状态（开或关）。如：SIGNAL-1、4 表示通道 1 的信号关断、4 通道的信号接通。

WAIT（ch）

进入循环，等待外部条件成立。

IGNORE（ch）［ALWAYS］

关掉已被启动的信号监测器。

4）位置控制指令。对于 PUMA 系列的机器人，对应于某一笛卡尔空间的方位，关节坐标空间有八组可行解，即机器人运动时可以有右手或左手操作，并且有上肘、下肘、上腕和下腕之分。一般假定机器人在整个程序执行过程中，保持同一种形态。在 VAL 语言中，有专门的指令用以控制机器人的位态。如：RIGHTY 右手；LEFTY 左手；ABOVE 上肘；BELOW 下肘；FLIP 上腕；NOFLIP 下腕。

5）数值指令。

① HERE（loc）指令：把当前的位置赋给定位变量。

② SET（trans1）=（trans2）指令：把变量 2 的值赋给变量 1。

③ INVERSE（trans1）=（trans2）指令：变量 2 为变量 1 的逆。

④ FRAME（trans1）=（trans2）（trans3）（trans4）指令：变量 1 为变量 2 变量 3 变量 4 相乘得到的坐标系。

6）控制方式指令。

① CCARSE（ALWAYS）指令：在何服控制中允许较大的误差。

② FIWD（ALWAYS）指令：在何服控制中允许比较小的误差。

③ NONULL（ALWAYS）指令：运动结束时，没有各个轴的到达位置。

④ NULL（ALWAYS）指令：运动结束时有各个轴的到达位置。

⑤ INTON（ALWAYS）指令：在轨迹控制中有误差积累。

⑥ INTOFF（ALWAYS）指令：在轨迹控制中没有误差积累。

**3. 程序举例**

【例7-1】 将物体从位置 I（PICK 位置）搬运至位置 II（PLACE 位置），参考程序见表 7-2。

表 7-2　例 7-1 参考程序

| 行 | 命　令 | 内　容　说　明 |
|---|---|---|
| | EDIT　DEMO | 启动编辑状态 |
| | PROGRAM　DEMO | VAL 响应 |
| 01 | OPEN | 下一步手爪张开 |
| 02 | APPRO PICK 50 | 运动至距 PICK 位置 50mm 处 |
| 03 | SPEED　30 | 下一步降至 30% 满速 |
| 04 | MOVE　PICK | 运动至 PICK 位置 |
| 05 | CLOSE I | 闭合手爪 |
| 06 | DEPART　70 | 沿闭合手爪方向后退 70mm |
| 07 | APPROS PLACE　75 | 沿直线运动至距离 PLACE 位置 75mm 处 |
| 08 | SPEED　20 | 下一步降至 20% 满速 |
| 09 | MOVES　PLACE | 沿直线运动至 PLACE 位置 |
| 10 | OPEN I | 在下一步之前手爪张开 |
| 11 | DEPART 50 | 自 PLACE 位置后退 50mm |
| 12 | E | 退出编译状态并返回监控状态 |

【例7-2】 编制一个作业程序，要求机器人抓起送料器送来的部件，并送到检查站，检查站判断部件是 A 类还是 B 类，然后根据判断结果转入相应的处理程序。在处理程序中，要用到一些外部信号：传感器 1，置位表示送料器正在提供部件；传感器 2，置位表示部件已送到检查站；传感器 3，4，5 判断部件所需的特征信号；传感器 6，置位表示检查完毕。参考程序见表 7-3。

表 7-3　例 7-2 参考程序

| 行 | 命　令 | 内　容　说　明 |
|---|---|---|
| | EDIT　DEMO | 启动编辑状态 |
| | PROGRAM　DEMO | VAL 响应 |
| 01 | SIGNAL -2 | 关掉信号 2 |
| 02 | OPENI 100 | 打开手爪 100mm，完毕后，转下一步 |
| 03 | 0ACT17,ALWAYS | 启动监控 |
| 04 | WAIT 1 | 等待供给的部件 |
| 05 | SPEED200 | 标准速度的两倍 |
| 06 | APPRO PART,50 | 移动到距部件 PART 位置 50mm |
| 07 | MOVES PART | 直线移动到部件 PART 处 |
| 08 | CLOSEI | 立即抓住部件 |

（续）

| 行 | 命　令 | 内　容　说　明 |
|---|---|---|
| 09 | DEPARTS 50 | 垂直抬起 50mm |
| 10 | APPRO TEST,75 | 移动到距检查站位置75mm 处 |
| 11 | MOVE TEST | 到达检查站 |
| 12 | IGNORE7,ALWAYS | 关掉监控信号,监控停止 |
| 13 | SIGNAL2 | 部件准备完 |
| 14 | WAIT 6 | 等待检查完 |
| 15 | DEPART 100 | 取出部件 |
| 16 | SIGNAL-2 | 复位信号 2 |
| 17 | IFSIG-3,-4,-5 THEN20 | 部件为 A 类,则转到 20 |
| 18 | IFSIG3,-4,-5 THEN30 | 部件为 B 类,则转到 30 |
| 19 | GOSUB REJECT | 若非 A 非 B,则取消该程序 |
| 20 | GOTO 40 | |
| 21 | 20REMARK PROCESS PART"A" | |
| 22 | GOSUB PART　A | |
| 23 | GOTO 40 | |
| 24 | 30REMARK PROCESS PART" B" | |
| 25 | COSUB PART B | |
| 26 | GOTO 40 | |
| 27 | 40REMARK　PART　PROCESSING　COMPLETE | |
| 28 | GET ANOTHER PART | |
| 29 | COTO 10 | |
| 30 | E | 退出编辑状态并返回监控状态 |

## 二、IML 语言

### 1. 定义

IML 也是一种着眼于末端执行器的动作级语言，它的特点是编程简单，能实现人机对话，适合于现场操作，许多复杂动作可由简单的指令来实现，易被操作者掌握。

### 2. 坐标系

ML 语言用直角坐标系描述机器人和目标物的位置和姿态。坐标系分为两种：一种是机座坐标系，一种是固连在机器人作业空间上的工作坐标系。

### 3. 指令

IML 语言的主要指令有：运动指令 MOVE、速度指令 SPEED、停止指令 STOP、手指开合指令 OPEN 及 CLOSE、坐标系定义指令 COORD、轨迹定义命令 TRAJ、位置定义命令 HERE、程序控制指令 IF…THEN、FOR EACH 语句、CASE 语句及 DEFINE 等。

## 三、AL 语言

### 1. 概述

AL 语言是 20 世纪 70 年代中期美国斯坦福大学人工智能研究所开发研制的一种机器人语

言，它是在 WAVE 语言基础上开发出来的，也是一种动作级编程语言，但兼有对象级编程语言的某些特征，适用于装配作业。

**2. 编程格式**

1）程序 BEGIN 开始，由 END 结束。

2）语句与语句之间用分号隔开。

3）变量先定义说明其类型，后使用。变量名以英文字母开头，由字母、数字和下划线组成，字母大、小写不分。

4）程序的注释用大括号括起来。

5）变量赋值语句中如所赋的内容为表达式，则先计算表达式的值，再把该值赋给等式左边的变量。

**3. AL 语言中数据的类型**

（1）标量（scalar）　可以是时间、距离、角度及力等，可以进行加、减、乘、除和指数运算，也可以进行三角函数、自然对数和指数换算。

（2）向量（vector）　与数学中的向量类似，可以由若干个量纲相同的标量来构造一个向量。

（3）旋转（rot）　用来描述一个轴的旋转或绕某个轴的旋转以表示姿态。用 ROT 变量表示旋转变量时带有两个参数，一个代表旋转轴的简单矢量，另一个表示旋转角度。

（4）坐标系（frame）　用来建立坐标系，变量的值表示物体固连坐标系与空间作业的参考坐标系之间的相对位置与姿态。

（5）变换（trans）　用来进行坐标变换，具有旋转和向量两个参数，执行时先旋转再平移。

**4. AL 语言的语句介绍**

（1）MOVE 语句　用来描述机器人手爪的运动，如手爪从一个位置运动到另一个位置。MOVE 语句的格式为

MOVE <HAND> TO <目的地>

（2）手爪控制语句　OPEN 为手爪打开语句；　CLOSE 为手爪闭合语句。这两个语句的格式为

OPEN <HAND> TO <SVAL>

CLOSE <HAND> TO <SVAL>

其中 SVAL 为开度距离值，在程序中已预先指定。

（3）控制语句

IF <条件> THEN <语句> ELSE <语句>

WHILE <条件> DO <语句>

CASE <语句>

DO <语句> UNTIL <条件>

FOR… STEP… UNTIL…

（4）AFFIX 和 UNFIX 语句　在装配过程中经常出现将一个物体粘到另一个物体上或一个物体从另一个物体上剥离的操作。语句 AFFIX 为两物体结合的操作，语句 UNFIX 为两物体分离的操作。

（5）力觉的处理　在 MOVE 语句中，使用条件监控子语句可实现使用传感器信息来完成一定的动作。监控子语句如

ON <条件> DO <动作>

例如

MOVE BARM TO ⊕−0.1 * INCHES ON FORCE （Z）>10 * OUNCES DO STOP

表示在当前位置沿 $Z$ 轴向下移动 2.54mm（0.1in），如果感觉 $Z$ 轴方向的力超过 2.78N（10ozf），则立即命令机械手停止运动。

**5. 程序举例**

【例 7-3】　用 AL 语言编制图 7-5 所示机器人把螺栓插入其中一个孔里的作业。这个作业需要把机器人移至料斗上方 A 点，抓取螺栓，经过 B 点、C 点再把它移至导板孔上方 D 点，并把螺栓插入其中一个孔里。

**解**　编制这个程序的基本步骤是：

1）定义机座、导板、料斗、导板孔、螺栓柄等的位置和姿态。

2）把装配作业划分为一系列动作，如移动机器人、抓取物体和完成插入等。

3）加入传感器以发现异常情况和监视装配作业的过程。

4）重复步骤 1）~3），调试改进程序。

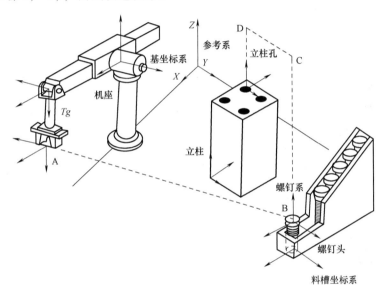

**图 7-5**　机器人把螺栓插入其中一个孔里的作业

按照上面的操作步骤，参考程序见表 7-4。

**表 7-4**　例 7-3 参考程序

| 行 | 命　　令 | 内容说明 |
|---|---|---|
|  | BEGIN　insertion | 设置变量 |
| 01 | bolt-diameter<−0.5 * inches；bolt-height<−1 * inches；tries<−0；grasped<false | 定义机座坐标系 |
| 02 | beam <− FRAME（ROT（z，90 * deg），VECTOR（20，15，0）* inches）；feeder<−FRAME（nilrot，　VECTOR（20，20，0）* inches） | 定义特征坐标系 |
| 03 | bolt-grasp<−feeder * TRANS（nilrot，nilvect）；bolt-tip<−bolt-grasp，TRANS（nilrot，VECTOR（0，0，0.5）* inches）<br>beam-bore<−beam * TRANS（nilrot，VECTOR（0，0，1）* inches） | 定义经过的点坐标系 |
| 04 | A<−feeder * TRANS（nilrot，VECTOR（0，0，5）* inches）；<br>B<−feeder * TRANS（nilrot，VECTOR（0，0，8）* inches）；<br>C<−beam-bore * TRANS（nilrot，VECTOR（0，0，5）* inches）；<br>D<−beam- bore * TRANS（nilrot，bolt-height * Z） | 张开手爪 |
| 05 | OPEN　bhand　TO　bolt diameter+1 * inches | 使手准确定位于螺栓上方 |

（续）

| 行 | 命　令 | 内容说明 |
|---|---|---|
| 06 | MOVE　barm　TO　bolt grasp VIA A　WITH　APPROACH =－Z WRT　feeder | 试着抓取螺栓 |
| 07 | DO<br>CLOSE　bhand　TO　0.9 * bolt diameter;<br>IF　bhand<bolt diameter　THEN　BEGIN<br>OPEN　bhand　TO　bolt diameter+1 * inches | 抓取螺栓失败，再试一次 |
| 08 | MOVE　barm　TO　@ -1 * Z * inches;<br>END　ELSE　grasped<-TRUE;<br>tries<-tries+1;<br>UNTIL　grasped　OP　（tries>3) | 如果尝试三次未能抓取螺栓，则取消这一动作 |
| 09 | IF　NOT　grasped　THEN ABORT | 抓取螺栓失败 |
| 10 | MOVE　barm　TO　B　VIA　A　WITH　DEPARTURE = Z WRT feeder | 将手臂运动到 B 位置 |
| 11 | MOVE　barm　TO　VIA　C | 将手臂运动到 D 位置 |
| 12 | WITH　APPROACH　=－Z　WRT　beam bore | 检验是否有孔 |
| 13 | MOVE barm TO @ -0.1 * Z * inches ON　FORCE(Z)>10 * ounce DO　ABORT) | 无孔,进行柔顺性插入 |
| 14 | MOVE　barm　TO　beam bore　DIRECTLY | |
| 15 | WITH　FORCE(Z) = －10 * ounce | |
| 16 | WITH　FORCE(X) = 0 * ounce | |
| 17 | WITH　FORCE(Y) = 0 * ounce | |
| 18 | WITH　DURATION = 5 * seconds | |
| | END　insertion | |

## 四、VAL-Ⅱ语言

VAL-Ⅱ语言是在 1979 年推出的，用于 Unimation 和 Puma 机器人。它是基于解释方式执行的语言，并且具有程序分支、传感信息输入/输出通信、直线运动等特征。例如，用户可以在沿末端操作器 a 轴的方向指定一个距离 height，将它与语句命令 APPRO（用于接近操作）或 DEPART（用于离开操作）结合，便可实现无碰撞地接近物体或离开物体。MOVE 命令用来使机器人从它的当前位置运动到下一个指定位置，而 MOVES 命令则是沿直线执行上述动作。为了说明 VAL-Ⅱ语言的一些功能，我们可以通过表 7-5 所示的程序清单来描述其命令语句。

表 7-5　VAL-Ⅱ语言的程序清单

| 行 | 命　令 | 内容说明 |
|---|---|---|
| | PROGRAM　TEST | 程序名 |
| 01 | SPEED　30　ALWAYS | 设定机器人的速度 |
| 02 | height = 50 | 设定沿末端执行器 a 轴方向抬起或落下的距离 |
| 03 | MOVES　p1 | 沿直线运动机器人到点 p1 |
| 04 | MOVE　　p2 | 用关节插补方式运动机器人到第二个点 p2 |
| 05 | REACT　1001 | 如果端口 1 的输入信号为高电平,则立即停止机器人 |
| 06 | BREAK | 当上述动作完成后停止执行 |

（续）

| 行 | 命　令 | 内容说明 |
|---|---|---|
| 07 | DELAY　2 | 延迟 2s 执行 |
| 08 | IF SIG（1001）　GOTO　100　[ZK] | 检测输入端口 1 如果为高电平，则转入继续执行第 100 行命令，否则继续执行下一行命令 |
| 09 | OPEN | 打开手爪 |
| 10 | MOVE　p5 | 运动到点 p5 |
| 11 | SIGNAL　2 | 打开输出端口 2 |
| 12 | APPRO　p6,height | 将机器人沿手爪（工具坐标系）的 a 轴移向 p6，直到离开它一段指定距离 height 的地方，这一点叫作抬起点[ZK] |
| 13 | MOVE　p6 | 运动到位于 p6 点的物体 |
| 14 | CLOSE | 关闭手爪，并等待直至手爪闭合 |
| 15 | DEPART　height | 沿手爪的 5 轴（工具坐标系）向上移动 height 距离 |
| 16 | MOVE　p1 | 将机器人移到 p1 点 |
| 17 | TYPE　"all　done" | 在显示器上显示 all done |
| 18 | END | |

## 五、AML 语言

AML 语言是 IBM 公司为 3P3R 机器人编写的程序。这种机器人带有三个线性关节，三个旋转关节，还有一个手爪。各关节由数字<1、2、3、4、5、6、7>表示，1、2、3 表示滑动关节，4、5、6 表示旋转关节，7 表示手爪。描述沿 $x$、$y$、$z$ 轴运动时，关节也可分别用字母 JX、JY、JZ 表示，相应地 JR、JP、JY 分别表示绕翻转（Roll）、俯仰（Pitch）和偏转（Yaw）轴（用来定向）旋转，而 JG 表示手爪。

在 AML 语言中允许有两种运动形式：MOVE 命令是绝对值，也就是说，机器人沿指定的关节运动到给定的值；DMOVE 命令是相对值，也就是说，关节从它当前所在的位置起运动到给定的值。这样，MOVE（1，10）就意味着机器人将沿 $x$ 轴从坐标原点起运动 25.4cm（10in），而 DMOVE（1，10）则表示机器人沿 $x$ 轴从它当前位置起运动 25.4cm（10in）。AML 语言中有许多命令，它允许用户可以编制复杂的程序。

表 7-6 所示程序用于引导机器人从一个地方抓起一件物体，并将它放到另一个地方。

**表 7-6**　程序举例

| 行 | 命　令 | 内容说明 |
|---|---|---|
| | SUBR(PICK PLACE) | 子程序名 |
| 01 | PT1：NEW<4,−24,2,0,0,−13><br>PT2：NEW<−2,13,2,135,−90,−33><br>PT3：NEW<−2,13,2,150,−90,−33,1> | 位置说明 |
| 02 | SPEED(0.2) | 指定机器人的速度（最大速度的 20%） |
| 03 | MOVE(ARM,0,0) | 将机器人（手臂）复位到参考坐标系原点 |
| 04 | MOVE(<1,2,3,4,5,6>,PTI) | 将手臂运动到物体上方的点 1 |
| 05 | MOVE(7,3) | 将抓持器打开到 7.62cm(3in) |
| 06 | DMOVE(3,−1) | 将手臂沿 $z$ 轴下移 2.54cm(1in) |

（续）

| 行 | 命　　令 | 内容说明 |
|---|---|---|
| 07 | DMOVE(7,-1.5) | 将抓持器闭合3.81cm(1.5in) |
| 08 | DMOVE(3,1) | 沿 x 轴将物体抬起2.54cm(1in) |
| 09 | MOVE(<JX,JY,JZ,JR,JR,JY>,PT2) | 将手臂运动到点2 |
| 10 | DMOVE(JZ,-3) | 沿 z 轴将手臂下移7.62cm(3in)放置物体 |
| 11 | MOVE(JG,3) | 将抓持器打开到7.62cm(3in) |
| 12 | DMOVE(JZ,11) | 将手臂沿 z 轴上移27.94cm(11in) |
| 13 | MOVE(ARM,PT3) | 将手臂运动到点3 |
| 14 | END | |

## 六、SIGLA 语言

SIGLA 语言是 20 世纪 70 年代后期意大利 OLIVETTI 公司研制的一种简单的非文本型类语言。用于对直角坐标式的 SIGMA 型装配机器人进行数字控制。

SIGLA 语言可以在 RAM 大于 8kB 的微型计算机上执行，不需要后台计算机支持，在执行中解释程序和操作系统可由磁带输入，约占 4kB RAM，也可事先固化在 PROM 中。

SIGLA 语言有多个指令字，它的主要特点是为用户提供了定义机器人任务的能力。在 SIGMA 型机器人上，装配任务常由若干子任务组成。

## 七、AUTOPASS 语言

AUTOPASS 语言是一种对象级语言。对象级语言是靠对象物状态的变化给出大概的描述，把机器人的工作程序化的一种语言。AUTOPASS、LUMA、RAFT 等语言都属于这一级语言。AUTOPASS 语言是 IBM 公司的一个研究所提出来的机器人语言，它像给人的组装说明书一样，是针对机器人操作的一种语言。程序把工作的全部规划分解成放置部件、插入部件等宏功能状态变化指令来描述。AUTOPASS 的编译是用称作环境模型的数据库，边模拟工作执行时环境的变化边决定详细动作，做出对机器人的工作指令和数据。AUTOPASS 的指令分成如下四组。

（1）状态变更语句　PLACE，INSERT，EXTRACT，LIFT，LOWER，SLIDE，PUSH，ORIENT，TURN，GRASP，RELEASE，MOVE。

（2）工具语句　OPERATE，CLUMP，LOAP，UNLOAD，FETCH，REPLACE，SWITCH，LOCK，UNLOCK。

（3）紧固语句　ATTACH，DRIVE IN，RIVET，FASTEN，UNFASTEN。

（4）其他语句　VERIFY，OPEN STATE OF，CLOSED　STATE OF，NAME，END。

例如，对于 PLACE 的描述语法为：

PLACE<object><preposition phrase><object><grasping phrase><final condition phrase><constraint phrase><then hold>。

其中，<object>是对象名；<preposition phrase>表示 ON 或 IN 那样的对象物间的关系；<grasping phrase>是提供对象物的位置和姿态、抓取方式等；<constraint phrase>是末端操作器的位置、方向、力、时间、速度、加速度等约束条件的描述选择；<then hold>是指令机器人保持现有位置。

## 第四节　机器人的离线编程

机器人编程是指为使机器人完成某种任务而设置的动作顺序描述。机器人是一个可编程的机械装置，其功能的灵活性和智能性在很大程度上决定于机器人的编程能力。由于机器人应用范围的扩大和所完成任务复杂程度不断增加，机器人工作任务的编制已经成为一个重要问题。机器人运动和作业的指令都是由程序进行控制，常见的编制方法有两种：即示教编程方法和离线编程方法。其中示教编程方法包括示教、编辑和轨迹再现，可以通过示教盒示教和导引式示教两种途径实现。与示教编程不同，离线编程不与机器人发生关系，在编程过程中机器人可以照常工作。表 7-7 为两种机器人编程方式的比较。

**表 7-7　两种机器人编程方式的比较**

| 示教编程 | 离线编程 |
| --- | --- |
| 需要实际机器人系统和工作环境 | 需要机器人系统和工作环境的图形模型 |
| 在实际系统上试验程序 | 通过仿真软件试验程序 |
| 编程时需要停止工作 | 可在机器人工作情况下编程 |
| 很难实现复杂的机器人运动轨迹 | 可实现复杂运动轨迹的编程 |
| 编程质量取决编程者的经验 | 可通过 CAD 的方法，进行最佳轨迹规划 |

机器人离线编程系统是机器人编程语言的拓广，它利用计算机图形学的成果，建立起机器人及其工作环境的模型，再利用一些规划算法，通过对图形的控制和操作，在离线的情况下进行轨迹规划。

离线编程系统可以简化机器人编程进程，提高编程效率，是实现系统集成的必要的软件支撑系统。与示教编程相比，离线编程系统具有如下优点。

1）减少机器人停机的时间，当对下一个任务进行编程时，机器人可仍在生产线上工作。

2）使编程者远离危险的工作环境，改善了编程环境。

3）离线编程系统使用范围广，可以对各种机器人进行编程，并能方便地实现优化编程。

4）便于和 CAD/CAM 系统结合，做 CAD/CAM/ROBOTICS 一体化。

5）可使用高级计算机编程语言对复杂任务进行编程。

6）便于修改机器人程序。

### 一、机器人离线编程概述

#### 1. 离线编程的主要内容

离线编程系统不仅是机器人实际应用的一个必要手段，也是开发和研究任务规划的有力工具。机器人离线编程系统是机器人编程语言的拓广，通过该系统可以建立机器人和 CAD/CAM 之间的联系。设计编程系统应考虑以下几方面的内容。

1）所编程的工作过程的知识。

2）机器人和工作环境三维实体模型。

3）机器人几何学、运动学和动力学的知识。

4）基于图形显示的软件系统，可进行机器人运动的图形仿真。

5）轨迹规划和检查算法，如检查机器人关节角超限、检测碰撞以及规划机器人在工作空间的运动轨迹等。

6）传感器的接口和仿真，以利用传感器信息进行决策和规划。

7）通信功能，完成离线编程系统所生成的运动代码到各种机器人控制柜的通信。

8）用户接口，提供有效的人机界面，便于人工干预和进行系统的操作。

此外，由于离线编程系统的编程是采用机器人系统的图形模型来模拟机器人在实际环境的工作进行的，因此，为了使编程结果能很好地符合实际情况，系统应能计算仿真模型和实际模型间的误差，并尽量减少这一差别。

**2. 离线编程系统的组成**

机器人离线编程系统框图如图7-6所示。它主要由用户接口、机器人系统三维几何建模、运动学计算、轨迹规划、动力学仿真、并行操作、传感器仿真、通信接口和误差校正等部分组成。

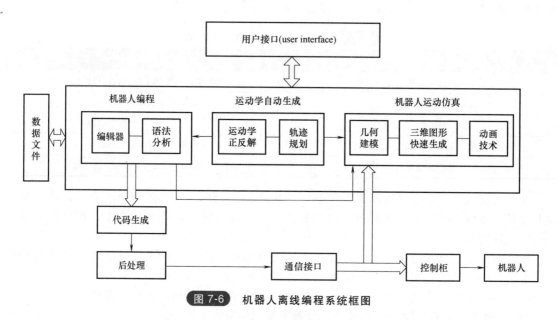

图 7-6 机器人离线编程系统框图

（1）用户接口　离线编程系统的一个关键问题是能否方便地产生出机器人编程系统的工作环境，便于进行人机交互。工业机器人一般提供两个用户接口，一个用于示教编程，另一个用于语言编程。示教编程可以用示教盒直接编制机器人程序。语言编程则是用机器人语言编制程序，使机器人完成给定的任务。目前这两种方式已广泛应用于工业机器人。

作为机器人语言的发展，离线编程系统应把机器人语言作为用户接口的一部分，用机器人语言对机器人的运动程序进行修改和编程。用户接口的语言部分具有机器人语言类似的功能，因此在离线编程系统中需要仔细设计。另外，用户接口另一个重要部分是对机器人系统进行图形编程。图7-7表示了用户接口和整个系统的联系，为了便于操作，用户接口一般设计成交互模式。例如，用户可以用计算机鼠标标明物体在屏幕上的方位，并能交互修改环境模型。一个良好的用户接口，可以帮助用户方便地进行整个系统的构型和编程操作。

（2）机器人系统三维几何建模　目前用于机器人系统的构型主要有以下三种方法。

第一种是结构的立体几何表示。第二种是扫描变换表示（Sweep）。第三种是边界表示（B-Rep）。其中，最便于形体在计算机内表示、运算、修改和显示的构型方法是边界表示；而结构的立体几何表示所覆盖的形体种类较多；扫描变换则便于生成轴对称的形体。机器人系统的几何构型大多采用三种形式的组合。

机器人离线编程系统的核心技术是机器人及其工作单元的图形描述。构造工作单元中的

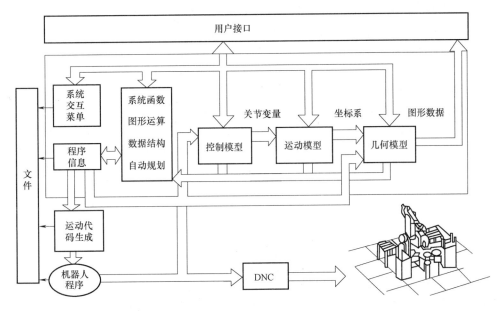

**图 7-7**　用户接口和整个系统的联系

机器人、夹具、零件和工具的三维几何模型，最好采用零件和工具的 CAD 模型，直接从 CAD 系统获得，使 CAD 数据共享。正因为从设计到制造的这种 CAD 集成越来越急需，所以离线编程系统应包括 CAD 构型子系统或把离线编程系统本身作为 CAD 系统的一部分。若把离线编程系统作为单独的系统，则必须具有适当的接口来实现构型与外部 CAD 系统的转换。

（3）运动学计算　运动学计算分为运动学正解和运动学反解两部分。运动学正解是给出机器人运动参数和关节变量，计算机器人末端位姿；运动学反解则是由给定的末端位姿计算相应的关节变量值。在离线编程系统中，应具有自动生成运动学正解和反解的功能。

（4）轨迹规划　离线编程系统除了对机器人静态位置进行运动学计算外，还应该对机器人在工作空间的运动轨迹进行仿真。由于不同的机器人厂家所采用的轨迹规划算法差别很大，离线编程系统应对机器人控制柜中所采用的算法进行仿真。

机器人的运动轨迹分为两种类型：自由移动（仅由初始状态和目标状态定义）和依赖于轨迹的约束运动。约束运动既受到路径约束，又受到运动学和动力学约束，而自由移动没有约束条件。

轨迹规划器接受路径设定和约束条件的输入，并输出起点和终点之间按时间排列的中间形态（位置和姿态、速度、加速度）序列，它们可用关节坐标或笛卡尔坐标表示。

轨迹规划器采用轨迹规划算法，如关节空间的插补、笛卡尔空间的插补计算等。同时，为了发挥离线编程系统的优点，轨迹规划器还应具备可达空间的计算，碰撞的检测等功能。

（5）动力学仿真　当机器人跟踪期望的运动轨迹时，若产生的误差在允许范围内，则离线编程系统可以只从运动学的角度进行轨迹规划，而不考虑机器人的动力学特性。但是，如果机器人工作在高速和重负载的情况下，那么必须考虑动力学特性，以防止产生更大的误差。

快速有效地建立动力学模型是机器人实时控制及仿真的主要任务之一，从计算机软件设计的观点看，动力学模型的建立可分为三类：数字法、符号法和解析（数字符号）法。

在数字法中，所有变量都表示成实数，每个变量占据一个内存，这种方法的计算量很大。在符号法中，所有变量均表示成符号，它可以在计算机上自动进行模型矩阵元素的符号运算。

但是符号运算需要复杂的软件与先进的计算机，以及较大的内存。为了减少内存的需要，解析法把部分变量处理成实数，取得了较好的效果。面向计算机的解析模型算法，可由计算机自动生成机器人的动力学方程。

（6）并行操作　离线编程系统应该能够对多个装置进行仿真。并行操作是在同一时刻对多个装置工作进行仿真的技术。进行并行操作以提供对不同装置工作过程进行仿真的环境。

在执行过程中，首先对每一装置分配并联和串联存储器。如果可以分配几个不同的处理器共用一个并联存储器，则可使用并行处理，否则应该在各存储器中交换执行情况，并控制各工作装置的运动程序的执行时间。由于一些装置与其他装置是串联工作的，并且并联工作装置也可能以不同的采样周期工作，因此常需使用装置检查器，以便对各运动装置工作进行仿真。

装置检查器的作业是检查每一装置的执行状态，在工作过程中，它对串联工作的装置统筹安排运动的顺序。当并联工作的某一装置结束任务时，装置检查器可进行整体协调。装置检查器也可询问时间采样控制器，用以决定每一装置的采样时间是否需要细分，时间采样控制器通过和各运动装置交换信息，以求得采样时间的一致。

（7）传感器仿真　在离线编程系统中，对传感器进行构型以及对装有传感器的机器人的误差校正进行仿真是很重要的。传感器主要分为局部的和全局的两类，局部传感器有力觉、触觉和接近觉等传感器，全局传感器有视觉等传感器。传感器功能可以通过几何图形仿真获取信息，如触觉。

（8）通信接口　在离线编程系统中通信接口起到连接软件系统和机器人控制柜的桥梁作用。利用通信接口，可以把仿真系统生成的机器人运动程序转换成机器人控制柜可以接受的代码。

离线编程系统实用化的一个主要问题是缺乏标准的通信接口。标准通信接口的功能是可以将机器人仿真程序转化成各种机器人控制柜可接受的格式。为了解决这个问题，一种办法是选择一种较为通用的机器人语言，然后通过对该语言加工（后置处理），使其转换成机器人控制柜可接受的语言。另外一种办法是将离线编程的结果转换成机器人可接受的代码，这种方法需要一种翻译系统，以快速生成机器人运动程序代码。

（9）误差的校正　离线编程系统中的仿真模型（理想模型）和实际机器人模型存在有误差，产生误差的因素主要有如下几个方面。

1）机器人方面：

① 连杆制造误差，关键位置的变化以及结构上下误差将会产生机器人的终端较大的误差。

② 机器人结构的刚度不足，在重负载的情况下会产生较大的误差。

③ 相同型号机器人的不一致性（Incompatibility）。在仿真系统中，型号相同的机器人的图像模型是完全一样的，而在实际情况下往往存在一定差别。

④ 控制器的数字精度。这主要受微处理器字长以及控制算法计算效率的影响。

2）工作空间方面：

① 在工作空间内，很难准确地确定出物体（机器人、工件等）相对于基准点的方位。

② 外界工作环境（如温度）的变化，会对机器人的性能产生不利的影响。

3）离线编程系统方面：

① 离线编程系统的数字精度。

② 实际世界模型数据的质量。

以上因素都会使离线编程系统工作时产生很大的误差。例如，常会发生机器人并不处在理想模式所处的位置。如何有效地消除误差，是离线编程系统实用化的关键。

目前校正误差的方法主要有两种：一是用基准点校正法，即在工作空间内选择一些基准点（一般不少于三点），这些基准点具有比较高的位置度，由离线编程系统规划使机器人运动到这些基准点，通过两者之间的差异形成误差补偿函数。二是利用传感器（力觉或视觉等）形成反馈，在离线编程系统所提供机器人位置的基础上，局部精确定位靠传感器来完成。第一种方法主要用于精度要求不太高的场合（如喷涂），第二种方法用于较高精度的场合（如装配）。

### 3. 机器人离线编程技术的现状及发展趋势

离线编程技术要在以下几方面不断研究和发展。

1）多媒体技术在机器人离线编程中的研究和应用。友好的人机界面、直观的图形显示及生动的语言信息都是离线编程系统所需要的。

2）多传感器的融合技术的建模与仿真。随着机器人智能化的提高，传感器技术在机器人系统中的应用越来越重要。因而需要在离线编程系统中对多传感器进行建模，实现多传感器的通信，执行基于多传感器的操作。

3）各种规划算法的进一步研究。其包括路径规划、抓取规划和细微运动规划等。进行路径规划时一方面要考虑到环境的复杂性、运动性和不确定性，另一方面又要充分注意计算的复杂性。

4）错误检测和修复技术。系统执行过程中发生错误是难免的，应对系统的运行状态进行检测以监视错误的发生，并采用相应的修复技术。此外，最好能达到错误预报，以避免不可恢复动作错误的发生。

5）研究一种通用有效的误差标定技术，以应用于各种实际应用场合的机器人的标定。

# 附录　部分动画演示二维码

| 页码 | 动画名称 | 二维码 | 页码 | 动画名称 | 二维码 |
|---|---|---|---|---|---|
| 3 | 重要的两种减速器 | | 38 | 直角坐标机器人 | |
| 4 | 机器人结构分类 | | 38 | 圆柱坐标机器人 | |
| 7 | 直角坐标机器人 | | 56 | 机器人驱动系统 | |
| 7 | 圆柱坐标机器人 | | 62 | 机器人控制系统 | |
| 7 | 球坐标机器人 | | 65 | 人机交互系统 | |
| 7 | 多关节机器人 | | 68 | 机器人关节运动 | |
| 9 | 人形家庭智能机器人 | | 72 | 焊接机器人圆弧路径 | |
| 9 | 机器人技术参数 | | 77 | 直角坐标焊接机器人 | |

（续）

| 页码 | 动 画 名 称 | 二维码 | 页码 | 动 画 名 称 | 二维码 |
|------|-----------|--------|------|-----------|--------|
| 79 | 扫地机器人路径 | | 90 | 外部传感器 | |
| 79 | 避障移动机器人 | | 99 | 机器人对编程的要求 | |
| 84 | 传感器概述 | | 102 | 机器人编程语言类型 | |
| 86 | 内部传感器 | | 106 | 国外机器人编程语言 | |